Genanew Timerga Neri
Haymanot Zeleke
Tena Manaye

Qualidade de vida urbana na região de Amhara, Etiópia

Genanew Timerga Neri
Haymanot Zeleke
Tena Manaye

Qualidade de vida urbana na região de Amhara, Etiópia

Análise multivariada da qualidade de vida urbana na região de Amhara, Etiópia

ScienciaScripts

Cover image: www.ingimage.com

This book is a translation from the original published under ISBN 978-3-659-86641-8.

Publisher:
Sciencia Scripts
is a trademark of
Dodo Books Indian Ocean Ltd. and OmniScriptum S.R.L publishing group

120 High Road, East Finchley, London, N2 9ED, United Kingdom
Str. Armeneasca 28/1, office 1, Chisinau MD-2012, Republic of Moldova, Europe
Managing Directors: Ieva Konstantinova, Victoria Ursu
info@omniscriptum.com

Printed at: see last page
ISBN: 978-620-8-55954-0

Índice

Agradecimentos

Em primeiro lugar, gostaríamos de exprimir a nossa gratidão a Deus todo-poderoso e, em seguida, a gratidão do nosso coração aos serviços administrativos da cidade da zona pelo fornecimento das informações necessárias para o desenvolvimento do fundo da cidade. Gostaria também de agradecer ao pessoal selecionado do município da zona por nos ter fornecido toda a informação secundária relevante. O nosso mais profundo agradecimento vai também para as pessoas da cidade, os prestadores de serviços que participaram na recolha de dados, com um agradecimento especial para a coletora de dados pelo seu apoio incondicional no fornecimento de dados relacionados com a QV, o que é de grande ajuda para a determinação das técnicas de amostragem. Estou grato a todos os indivíduos que se dispuseram a fornecer-me as suas informações pessoais e os dados utilizados neste estudo. Estou igualmente grato a Abebe Bereda (candidato a doutoramento na Universidade de Haremaya) pela edição e assistência ao estudo.

Por último, o meu sincero agradecimento à Universidade Debre Birhan pelo seu apoio total ao financiamento da investigação.

Lista de abreviaturas

ART.............................. Anti-Retroviral Therapy

CSA.............................Central Statistical Agency

df .... degrees of freedom

HR_QOL...........................Health Related Quality of Life

HIV..............................Human Immunodeficiency Virus

KMO.............................Kaiser-Meyer-Olkin

NGO ....Non-governmental Organization

ODS............................. Objective Domain Scores

OQOL..........................Objective Quality of Life

PC................................Principal Component

PCA ....Principal Component Analysis

POM............................ ...Proportional Odds Model

QOL.............................Quality of Life

Sig............................... .Significance

ANRS..............................Amhara National Region State

SDS............................. Subjective Domain Scores

SPSS...........................Statistical Package for social Science

SQOL........................... Subjective Quality of Life

UQOL...........................Urban Quality of Life

Resumo

O estudo da qualidade de vida nas cidades, tanto nos países em desenvolvimento como nos países desenvolvidos, está a suscitar o interesse de várias disciplinas e a tornar-se um instrumento importante para a avaliação das políticas, a classificação das cidades, o planeamento e a gestão urbanos. As cidades são o centro da economia, da política, do comércio e de outras actividades, pelo que é necessário analisar as condições que contribuem para a qualidade de vida urbana. Este estudo é sobre a QV urbana das pessoas em cidades da zona selecionada da ANRS e o seu objetivo é identificar os factores que podem afetar a QV das pessoas. Foram selecionados 809 chefes de família com base numa amostragem aleatória estratificada, tendo como estrato as cinco cidades da região. Na análise do estudo, foram utilizadas a análise fatorial e a regressão logística binária e ordinal. A análise de componentes principais revelou que foram extraídas 6 dimensões da QV a partir de 20 atributos subjectivos, designados por: habitação, economia, ambiente, segurança e proteção do bairro, ligação social e qualidade dos serviços públicos. O modelo de regressão logística binária mostra que todas as dimensões estão positiva e significativamente relacionadas com a qualidade de vida. A análise fatorial também é utilizada para extrair 6 factores utilizando 15 atributos objectivos, nomeadamente: socioeconómico, acesso aos serviços públicos, acesso à educação, habitação, religião e tempo de residência são as dimensões da QV objetiva das pessoas da região. O saneamento do bairro, o acesso à educação, a habitação, a religião e o tempo de residência são factores de previsão significativos da QV. A religião e o tempo de residência têm um impacto positivo na QV, enquanto todos os outros contribuem negativamente para a qualidade de vida. As conclusões e abordagens deste estudo podem ser utilizadas na conceção de futuros estudos sobre a QV urbana na região.

Palavras-chave: - Subjetivo, Objetivo, Regressão ordinal, QOL, Amhara

1. INTRODUÇÃO

1.1 Antecedentes do estudo

O estudo da qualidade de vida (QV) nas cidades da zona, tanto nos países em desenvolvimento como nos países desenvolvidos, está a suscitar o interesse de várias disciplinas, tais como o planeamento, a geografia, a sociologia, a economia, a psicologia, a ciência política, a medicina comportamental, o marketing e a gestão (Andrew 1999, Foo 2001), e está a tornar-se um instrumento importante para a avaliação das políticas, a classificação dos locais, o planeamento e a gestão urbanos.

Um dos principais problemas na discussão sobre a qualidade de vida é identificar os seus principais componentes que formam uma vida de qualidade para as pessoas numa cidade da zona. Muitas vezes, a qualidade de vida numa cidade da zona tem sido associada às infra-estruturas existentes e aos aspectos ambientais da cidade da zona. Neste caso, as pessoas que viviam na cidade-zona foram negligenciadas como receptores passivos das duas componentes principais. Parte-se do pressuposto de que se as infra-estruturas e os aspectos ambientais da cidade forem bons, a qualidade de vida da cidade será a mesma. Na realidade, todas as duas componentes principais afectam de forma diferente pessoas diferentes e, evidentemente, se isso for tido em consideração, influenciará toda a situação da qualidade de vida da cidade. Azahan (2007) argumentou que a utilização das duas componentes para analisar a qualidade de vida numa cidade é insuficiente, uma vez que afasta o residente urbano que viveu no ambiente da cidade e utilizou as infra-estruturas disponibilizadas.

O termo "qualidade de vida" é utilizado para indicar o bem-estar geral das pessoas e das sociedades. É frequentemente associado ao termo "nível de vida", mas os dois não têm necessariamente o mesmo significado. Um nível de vida é simplesmente a avaliação da riqueza e do estatuto profissional de uma pessoa numa sociedade. Embora ambos sejam factores que determinam a qualidade de vida, não são o seu único indicador. O ambiente, a saúde física e mental, a educação, a recreação, o bem-estar social, a liberdade, os direitos humanos e a felicidade de uma pessoa são também factores significativos.

A qualidade de vida pode ser medida de forma objetiva ou subjectiva. Objetivamente, a qualidade de vida é medida através de indicadores objectivos que estão relacionados com factos observáveis derivados de dados secundários. Entre os exemplos de dados secundários contam-se a densidade populacional, a taxa de criminalidade, o nível de educação, a taxa de desemprego, o rendimento do agregado familiar, os acidentes de viação, as caraterísticas dos agregados familiares, etc.

Subjetivamente, a qualidade de vida é medida através de indicadores subjectivos que tentam medir e quantificar a satisfação dos cidadãos com o bem-estar urbano. Por exemplo, a satisfação das pessoas com a acessibilidade aos cuidados de saúde, a satisfação com o acesso ao emprego, a satisfação com a segurança urbana ou a satisfação com o acesso à habitação, a satisfação com o custo de vida, etc. Utilizando medidas objectivas e subjectivas de qualidade de vida, estudos anteriores examinaram a associação entre as duas. Alguns estudos afirmam que a primeira não tem efeitos significativos sobre a segunda, enquanto outros concluíram que a melhoria dos domínios objectivos contribui para uma maior satisfação individual com a vida em geral (Bradshaw e Fraser, 1989). Mas dependendo do nível de qualidade de vida medido por indicadores subjectivos ou objectivos, haverá bem-estar, adaptação, dissonância e privação.

O conceito de qualidade de vida é complexo, não é fácil de definir em termos agradáveis e não é muito estudado no contexto etíope. No contexto etíope, a qualidade de vida refere-se principalmente à disponibilidade de recursos e objectivos para satisfazer as necessidades básicas (Habtamu, 2004). De acordo com Aklilu e Dessalegne (2000), a satisfação das pessoas com a sua vida tem a ver com o facto de terem terras agrícolas, gado, utensílios agrícolas e uma casa em ambientes rurais. No meio urbano, é ter um trabalho (emprego) ou um negócio (algum rendimento). Dado que existem poucos estudos sobre a qualidade de vida na Etiópia, este estudo pretende colmatar esta lacuna, centrando-se na cidade de Debre Birhan, capital da zona norte de shoa.

Assim, neste estudo, a qualidade de vida das pessoas na cidade de Debre Birhan é medida utilizando atributos subjectivos e objectivos. Foram utilizados diferentes métodos estatísticos para analisar os dados primários. A análise fatorial é utilizada para reduzir o número de dimensões da qualidade de vida subjectiva e objetiva a poucas, que não estão relacionadas entre si. São também aplicadas regressões logísticas binárias e regressões logísticas ordinais para identificar os factores mais significativos que podem afetar a qualidade de vida na zona.

1.2 Declaração do problema

Na perspetiva dos urbanistas, as cidades/bairros são o centro da economia, da política, do comércio e de outras actividades. Por isso, é necessário analisar as condições que contribuem para a qualidade de vida urbana. As teorias e os estudos empíricos sobre a qualidade de vida são maioritariamente originários das sociedades ocidentais e de alguns países asiáticos. A literatura sobre qualidade de vida nos países em desenvolvimento é muito limitada. Como tal, os principais factores que afectam a qualidade de vida das pessoas em muitas regiões dos países em desenvolvimento, como as diferentes zonas da ANRS, não estão claramente identificados.

Muitos estudos sobre a qualidade de vida utilizam regressões múltiplas para identificar os factores que podem afetar a qualidade de vida dos indivíduos. Normalmente, as variáveis dependentes utilizadas para avaliar a qualidade de vida são medidas através de escalas ordinais. Nestas situações, são necessários métodos estatísticos específicos, uma vez que procedimentos como a dicotomização ou outros meios de transformação da variável de resultado podem complicar o processo de inferência.

Assim, métodos estatísticos diferentes que tratam variáveis dependentes do tipo ordinal, como os modelos de regressão logística ordinal, são apropriados em muitos dos estudos recentes sobre qualidade de vida. Há demasiados atributos e domínios da perspetiva subjectiva e objetiva da vida que podem determinar a qualidade de vida. Mas o tipo e o número de atributos e domínios de ambos os indicadores que foram utilizados em estudos anteriores não são os mesmos, dependendo do objetivo do estudo e da área de estudo. Assim, este estudo tem por objetivo responder às seguintes questões

1 Que factores afectam a qualidade de vida dos residentes nas cidades da Zona selecionadas?

2 Quais são as dimensões da qualidade de vida, tanto nos aspectos subjectivos como nos objectivos?

1.3 Objectivos do estudo

Objetivo geral

Tratado e identificação dos factores que podem afetar a qualidade de vida das pessoas nas cidades zonais selecionadas.

Os objectivos específicos são;

> Avaliar a relação entre os domínios e os atributos de cada domínio da qualidade de vida.

> Avaliar os factores que influenciam a qualidade de vida nas cidades das Zonas selecionadas.

> Identificar as dimensões da qualidade de vida, tanto subjectiva como objetiva, das pessoas nas cidades da zona selecionadas.

> Comparar a qualidade de vida subjectiva e objetiva das cidades da Zona selecionada.

> Fornecer informações pertinentes ao organismo em causa sobre a qualidade de vida das pessoas na região e recomendar as soluções possíveis.

1.4 Importância do estudo

Os resultados dos estudos sobre a qualidade de vida urbana podem ajudar os planeadores e administradores das zonas urbanas a compreender e a dar prioridade ao problema que a comunidade enfrenta. Para os indivíduos, a compreensão científica da qualidade da sua vida pode orientar decisões importantes na vida, tais como onde e como viver. A informação a este respeito é necessária para determinar as variáveis significativas existentes relacionadas com a qualidade de vida, de modo a orientar a situação de vida das cidades Zonais selecionadas para trabalhar no sentido de aliviar o problema com uma satisfação adequada. Por conseguinte, este estudo foi concebido para preencher esta lacuna. Por último, espera-se que os resultados e as conclusões deste estudo sejam úteis na conceção de futuros estudos sobre a qualidade de vida urbana na cidade e na região.

2. REVISÃO DE LITERATURA

2.1 Conceito de qualidade de vida

A qualidade de vida é um conceito que, num passado recente, tem sido objeto de muitos estudos nas áreas da medicina, sociologia, filosofia e psicologia. No entanto, apesar da fecundidade deste tópico no que diz respeito à investigação, nenhuma definição de qualidade de vida apresentada até agora se tornou amplamente aceite como padrão (Cummins, 2000). Em vez disso, tem sido deixado aos investigadores a tarefa de definir o que entendem por qualidade de vida com referência ao seu tema específico e tendo em conta o seu método de medição particular. Assim, dependendo do objetivo, foram documentadas na literatura diferentes definições de qualidade de vida. Por exemplo, segundo diferentes autores, Elsa (2009) define qualidade de vida como

- Satisfação geral dos indivíduos com a vida.
- Efeito integrado da satisfação do indivíduo com vários domínios da vida.
- Bem-estar ou mal-estar das pessoas e do ambiente em que vivem.

Os termos, tais como bem-estar social, bem-estar social e desenvolvimento humano, são frequentemente utilizados como termos equivalentes ou análogos à qualidade de vida. Por exemplo, Luis define a qualidade de vida como uma interação de condições sociais, de saúde, económicas e ambientais que têm um impacto no desenvolvimento do indivíduo e da sociedade, o que está mais relacionado com valores objectivos (Luis, 2007). Por outro lado, quando é definida como a sensação de bem-estar do indivíduo, a satisfação do indivíduo com a sua vida e a qualidade de vida é enfatizada como estando relacionada com as percepções e os sentidos individuais, esta está relacionada com os valores subjectivos. Stanislav também define a qualidade de vida como uma medida agregada do bem-estar das pessoas num determinado país, região ou estrato social (Stanislav, 1998).

2.2 Medição da qualidade de vida urbana

A investigação sobre a forma como a qualidade de vida urbana é afetada por vários factores depende da existência de uma forma de medir a qualidade de vida. No entanto, existe uma vasta gama de métodos de medição da qualidade de vida e surgem algumas questões difíceis na medição desta variável complexa (Gilhooly e Bowling, 2005). Existem duas abordagens principais para medir a qualidade de vida urbana na literatura, que são aceites pela maioria dos investigadores (Sedigheh e Karim, 2009). A primeira é a Qualidade de Vida Urbana Objetiva e a segunda abordagem é a Qualidade de Vida Urbana Subjectiva.

2.2.1 Indicadores objectivos ou sociais

O crescimento do movimento dos indicadores objectivos coincidiu com o questionamento do crescimento económico em termos de saber se "mais" era sempre melhor (Land, 1996). Estes indicadores reflectem as circunstâncias objectivas das pessoas numa determinada unidade cultural ou geográfica. A caraterística distintiva dos indicadores sociais é que se baseiam em estatísticas objectivas e quantitativas e não nas percepções subjectivas dos indivíduos sobre o seu ambiente social (Rashida, 2009).

2.2.2 Indicadores subjectivos

A ideia básica da investigação sobre a qualidade de vida subjectiva é que, para compreender o bem-estar de um indivíduo, é importante medir diretamente as reacções cognitivas e afectivas do indivíduo a toda a sua vida, bem como a domínios específicos da vida (Diener,1997). Os estudos sobre a QV urbana subjectiva concluíram que as avaliações subjectivas de muitos aspectos do ambiente urbano podem contribuir para a satisfação nos domínios urbanos e para a satisfação global com a vida. Os cidadãos são inquiridos (questionários, entrevistas...) diretamente sobre o nível de felicidade em relação a diferentes aspectos da vida urbana (Carlos M., 2008). A qualidade de vida subjectiva é muitas vezes medida utilizando uma escala de likert, embora não exista um intervalo comummente definido. Por exemplo, Elsa aplicou uma escala de likert de 7 pontos que vai de muito insatisfeito a muito satisfeito (Elsa, 2009). Yonas coloca aos inquiridos a seguinte questão sobre o bem-estar subjetivo: "Tendo tudo em conta, até que ponto está satisfeito com a forma como vive atualmente?" (Yonas, 2010). Os inquiridos responderam numa escala de cinco pontos, variando entre "muito satisfeito" e "muito insatisfeito".

2.3 Domínios da qualidade de vida

Embora a lista de questões específicas a incluir numa definição de qualidade de vida varie entre os estudos, existe um consenso sobre os domínios que são definidos para medir as percepções dos residentes sobre vários aspectos da vida e do trabalho em grandes áreas urbanas. Estes domínios incluem: saúde, ambiente urbano/construído, segurança comunitária, habitação, educação, emprego e economia, ligação social, custo de vida e caraterísticas demográficas.

2.4 Estudo sobre a qualidade de vida na Etiópia

Os estudos sobre a qualidade de vida das pessoas na Etiópia são uma ausência notória, mas são muito poucos os estudos que avaliam a qualidade de vida urbana das pessoas e a qualidade relacionada com a saúde das pessoas. Por exemplo, Elsa utiliza um inquérito aos agregados familiares e alguns dados secundários para avaliar e medir a qualidade urbana das pessoas na subcidade de Krikos, em Addis Abeba (Elsa, 2009). Para o estudo, foram selecionados oito domínios e os resultados ao nível da subcidade indicam que os inquiridos expressam a sua satisfação apenas em relação a três domínios (ligação social, segurança na vizinhança e acesso a instalações de serviços públicos), mas ao nível da 'kebele' a situação é um pouco diferente.

Em geral, as conclusões do estudo indicam que um estudo em grande escala pode ocultar a variabilidade da qualidade de vida das pessoas em pequena escala. Revela também a importância de estudar a qualidade de vida subjectiva e objetiva das pessoas em vez de avaliar cada uma delas separadamente.

As teses preparadas pela Universidade Debre Birhan estudaram a qualidade de vida de um determinado grupo de pessoas em diferentes regiões da Etiópia, relacionando-a com domínios específicos. Por exemplo, Aweke efectuou um estudo comparativo sobre a qualidade de vida relacionada com a saúde (HR_QOL) de doentes com VIH que recebem terapia antirretroviral (TARV) em relação à população em geral em Hawassa (Aweke, 2009). Análise estatística dos hábitos de poupança dos trabalhadores: um estudo de caso na cidade de Debre Birhan em North Shoa, Etiópia (Genanew, 2011). Henok também estudou a qualidade de vida dos agricultores produtores de café nos distritos de Shembedino (Henok, 2009).

3. MATERIAIS E MÉTODOS

3.1 Descrição da zona de estudo

Este estudo foi realizado em cidades de Zonas selecionadas, no Estado Regional Nacional de Amhara (ANRS), Etiópia, de novembro de 2013 a junho de 2014. A administração do ANRS está dividida em onze zonas diferentes.

3.2 Técnica de amostragem e determinação da dimensão da amostra

3.2.1 População-alvo

As pessoas que estão quase sempre numa cidade devem ser incluídas na avaliação do estado da qualidade de vida de uma cidade (Azahan, 2007). São elas que sofrem os efeitos diretos da mudança de ambiente e do desenvolvimento de uma cidade e que desejam a melhor qualidade de vida para viver. Sabem se o estado da qualidade de vida da cidade é bom ou mau ou se muda de tempos a tempos. Por conseguinte, as percepções e opiniões das pessoas que vivem numa cidade devem ser tidas em consideração ao medir a qualidade de vida numa cidade. Assim, a população-alvo deste estudo são os agregados familiares que vivem nas cidades zonais selecionadas e será utilizada a técnica de determinação do tamanho da amostra para selecionar o grupo representativo da população.

3.2.2 Técnica de amostragem

Foi efectuado um estudo transversal. Utilizámos a amostragem aleatória estratificada e a amostragem aleatória sistemática. A técnica de amostragem aleatória estratificada é um método de amostragem que envolve a divisão de uma população em grupos mais pequenos, conhecidos como estratos, de modo a que os indivíduos do mesmo estrato sejam considerados homogéneos em relação a algumas caraterísticas. Em seguida, as casas residenciais de cada kebele serão selecionadas através de amostragem aleatória sistemática e, finalmente, um indivíduo (chefes de família) em cada casa residencial selecionada terá de preencher o questionário. No entanto, na ausência dos chefes do agregado familiar, qualquer membro adulto é solicitado a preencher o questionário, mas tal condição ocorre raramente. Normalmente, parte-se do princípio de que os chefes de família ou qualquer adulto do agregado familiar reflectem o sentimento de todos os outros membros da casa.

3.2.3 Determinação da dimensão da amostra

Determinar a dimensão adequada da amostra foi a decisão de conceção mais importante que o investigador teve de tomar. Normalmente, a dimensão da amostra é determinada com base na técnica de amostragem, tendo sido utilizada a amostragem aleatória estratificada e a fórmula de determinação da dimensão da amostra adoptada neste estudo foi a seguinte (Cochran,1977)

$$n=\frac{\sum_{i=1}^{k}\frac{N_i^2\,p(1-p)}{w_i}}{\frac{N^2e^2}{Z^2}+Np(1-p)} \qquad 3.1$$

em que n representa a dimensão da amostra necessária

N é o número total de agregados familiares nas cidades das zonas selecionadas.

Z é o inverso da distribuição cumulativa normal padrão que Corresponde ao nível de confiança (Z=1,96)

K é o número total de estratos (número de zonas)

N_i é a dimensão do estrato (i), que é o número de agregados familiares em cada zona

W_i é a proporção estimada de N_i em relação a N

P refere-se à probabilidade de sucesso

e representa o nível de precisão (Ali A.Al-subaihi, 2003)

Existem diferentes métodos de estimar "p" (a probabilidade de sucesso) para calcular a dimensão da amostra do estudo. Estes métodos consistem em recolher a amostra em duas etapas, com base nos resultados de um inquérito-piloto e em amostragens anteriores da mesma população ou de uma população semelhante, bem como em conjecturas sobre a estrutura da população (Cochran, 1977). Mas, para o presente estudo, "p" foi determinado a partir dos resultados de estudos anteriores. Um estudo que avalia a qualidade de vida urbana na subcidade de Krikos, em Addis Abeba, concluiu que a proporção de pessoas que expressam satisfação com a sua vida no seu todo é de 37%. Assim, p (proporção de sucesso) = 0,37 é utilizado neste estudo para determinar a dimensão da amostra.

O erro de amostragem é definido como sendo a diferença entre o parâmetro e a estatística. O erro de amostragem é designado por nível de precisão em contextos de amostragem e dá ao investigador uma ideia sobre a exatidão da estimativa estatística. O nível de precisão neste estudo será de 4% a um nível de significância de 5%, ou seja, e= 0,04 e α= 0,05.

Finalmente, utilizando o número total de agregados familiares nas cidades das zonas selecionadas (N= 288610), o nível de precisão (e=0,034), a probabilidade de sucesso (p=0,37) e o nível de significância (α = 0,05), a dimensão da amostra para o estudo é calculada em 800. Finalmente, 5% da dimensão da amostra, ou seja, 40, foram adicionados à dimensão da amostra determinada de 800 para compensar a taxa de resposta nula. Assim, a dimensão da amostra necessária para este estudo é de 840 chefes de família de 288610 habitações. Em seguida, é efectuada a atribuição da dimensão da amostra a cada estrato com atribuição proporcional. Na atribuição proporcional, a atribuição da amostra a cada estrato é proporcional ao número total de unidades no estrato. Com base nesta relação, a dimensão da amostra para o i[ésimo] estrato é obtida como

$n_i = \frac{N_i n}{N}$, so that $n_1 = 154$, $n_2 = 144$, $n_3 = 192$, $n_4 = 138$, $n_5 = 172$ Samples were considered (table 3.1)

Tabela 3.1: Tamanhos de amostra para as zonas selecionadas

Nome da zona selecionada	Ni	Wi	Agregados familiares incluídos na amostra(n_i)
D/Cidade de Birhan	87840	0.005216	154
Cidade de Weldeye	82560	0.005603	144
Cidade de Gondar	118210	0.050123	192
Cidade de Dessei	62450	0.017689	138
D/Cidade de Markos	92644	0.007239	172
Total			800

3.3 Método de recolha de dados

O Estado Regional Nacional de Amhara (ANRS) é uma das grandes regiões da Etiópia. É constituído por 11 zonas. Uma vez que se presume que os atributos de qualidade de vida nas zonas são homogéneos dentro de uma dada zona e heterogéneos entre zonas diferentes, aplica-se a amostragem aleatória estratificada para selecionar a dimensão da amostra necessária e para amostrar os inquiridos. Para preparar a base de amostragem do estudo, será utilizada uma lista de casas de habitação obtida do município das zonas. Em seguida, é adoptada a amostragem aleatória sistemática para selecionar as amostras necessárias em cada estrato. O questionário é adotado a partir de trabalhos semelhantes anteriores, introduzindo algumas ligeiras alterações com base no objetivo da investigação e nas caraterísticas da área de estudo. Contém perguntas que abrangem atributos subjectivos e objectivos da qualidade de vida.

3.4 Variáveis do estudo

Neste estudo, foram consideradas diversas variáveis que se supõe estarem associadas à qualidade de vida das pessoas.

3.4.1 Variáveis dependentes

As variáveis de resposta (dependentes) neste estudo são: nível de satisfação com a vida no seu todo (resposta intuitiva), nível de satisfação com a habitação, nível de satisfação com o custo de vida, nível de satisfação com a segurança, nível de satisfação com o rendimento familiar, nível de satisfação com o acesso a equipamentos públicos, nível de satisfação com a ligação social, nível de satisfação com o saneamento do bairro, nível de satisfação com a qualidade dos serviços públicos e nível de satisfação com o ambiente construído. Todas as variáveis acima são categóricas, com quatro escalas de likert que variam de 0 (muito insatisfeito) a 3 (muito satisfeito). A outra variável de resposta (dependente) neste estudo é a qualidade de vida das pessoas nas cidades zonais selecionadas (medida racional). A qualidade de vida é uma variável categórica que é calculada através da agregação das 9 dimensões da qualidade de vida acima referidas . A qualidade de vida é codificada para assumir o valor 0 para "baixa qualidade de vida" (insatisfeito) e 1 para "alta qualidade de vida" (satisfeito). Por conseguinte, trata-se de uma variável dicotómica.

3.4.2 Variáveis independentes

As variáveis independentes consistem em preditores demográficos (idade, sexo, estado civil, estado religioso, densidade populacional e relação com o chefe de família), preditores socioeconómicos (situação profissional, rendimento mensal do agregado familiar, nível de escolaridade, número de filhos dependentes, tamanho da família), distância a diferentes instalações, número de divisões numa casa, posse do agregado familiar, propriedade da casa, satisfação com a qualidade do desporto e do local de recreio, satisfação com o acesso à escola primária, satisfação com as instalações do centro de saúde, satisfação com a proteção policial no bairro, etc. Algumas das variáveis independentes são categóricas como as variáveis dependentes com a mesma escala de likert e outras são também categóricas com menos níveis. As restantes variáveis independentes são do tipo contínuo.

3.5 Método de análise dos dados (modelos estatísticos)

Foram utilizados diferentes métodos estatísticos para a análise: estatística descritiva, análise multivariada, regressão logística ordinal e regressão logística binária para analisar os dados recolhidos. A análise descritiva forneceu informações gerais sobre a população em causa. A análise multivariada permitiu a redução dos dados através da análise fatorial exploratória, a regressão logística ordinal é utilizada para avaliar a relação entre a satisfação dos domínios e os respectivos atributos dos domínios e a regressão logística binária utiliza os factores obtidos a partir da análise fatorial para ver a relação que têm com a qualidade de vida das pessoas.

3.5.1 Análise estatística multivariada

A proliferação contínua de procedimentos estatísticos multivariados pode, sem dúvida, ser atribuída à crença de que os modelos da natureza e do comportamento humano devem frequentemente ter em conta variáveis múltiplas e inter-relacionadas que são conceptualizadas simultaneamente ou ao longo do tempo (Aweke, 2010). Vários estudos na literatura têm utilizado a análise estatística multivariada para analisar a qualidade de vida dos indivíduos (Elsa, 2009).

3.5.1.1 Análise de componentes principais

Os objectivos gerais da análise de componentes principais (ACP) são a redução de um grande número de variáveis cujas inter-relações são complexas a um conjunto muito mais pequeno de novas variáveis cujas inter-relações são simples. Normalmente, a matriz de covariância (Σ) é utilizada para analisar variáveis com a mesma unidade de medida. Como a correlação é a covariância da variável padronizada, podemos utilizar a matriz de correlação (ρ) para analisar as variáveis com unidade de medida diferente. Os PCs são combinações lineares particulares das p variáveis aleatórias $Z_1, Z_2,..., Z_p$. Geometricamente, estas combinações lineares representam a seleção de um novo sistema de coordenadas obtido por rotação do sistema original com $Z_1, Z_2,..., Z_p$ como eixos de coordenadas. A matriz de covariância associada ao vetor aleatório $Z = (Z_1, Z_2,..., Z_p)^t$ tem os pares de valores próprios e vectores próprios $(\lambda_1, \varepsilon_1), (\lambda_2, \varepsilon_2), \ldots, (\lambda_p, \varepsilon_p)$ em que $\lambda_1 \geq \lambda_{(2)} \geq ... \geq \lambda_p$, então a i^a componente principal é dada por

$$Y_i = e^t Z = e_{i1} z_1 + e_{i2} ... + e_{ip} z_p, \quad i=1, 2,..., p \qquad 3.2$$

With these choices $\quad Var(Y_i) = e^t \Sigma e_i = \lambda_i, \ i=1, 2... P, \quad Cov(Y_i, Y_K) = e^t_i \Sigma e_k = 0, \ i \neq k$

Como regra geral, recomenda-se manter apenas os componentes cuja variância λ é superior à unidade ou, de forma equivalente, apenas os componentes que, individualmente, explicam pelo menos uma proporção 1/p da variância total. Outra ajuda visual útil para determinar um número adequado de PC é o gráfico de Scree. Trata-se de um gráfico de λi versus i, com os valores próprios ordenados do maior para o menor (a magnitude dos valores próprios versus o seu número). Em seguida, para determinar o número apropriado de componentes, procuramos cotovelos (curvas) no gráfico scree. O número de componentes é considerado como o ponto em que os restantes valores próprios são relativamente pequenos e todos têm aproximadamente a mesma dimensão.

3.5.1.2 Análise fatorial

A análise fatorial é uma técnica estatística normalmente utilizada para extrair um subconjunto de atributos não correlacionados que explicam a variação observada no conjunto de dados original. Ou seja, o objetivo essencial da análise fatorial é descrever, se possível, as relações de covariância entre muitas variáveis em termos de algumas quantidades aleatórias subjacentes, mas não observáveis, denominadas factores.

O modelo de factores ortogonais

O modelo de factores postula que X depende linearmente de algumas variáveis aleatórias não observáveis $F_1, F_2, \ldots, F_m$, designadas por factores comuns, e de p fontes adicionais de variação $\varepsilon_1, \varepsilon_2 \ldots \varepsilon_p$, designadas por erros ou factores específicos.

O modelo de factores é dado por:

$$X_{(px1)} = \mu_{(px1)} + L_{(pxm)} F_{(mx1)} + \varepsilon_{(px1)} \ldots\ldots 3.3$$

Where $L_{(pxm)} = \begin{pmatrix} l11 & \cdots & l1m \\ \vdots & \ddots & \vdots \\ lp1 & \cdots & lpm \end{pmatrix}$ $F_{(mx1)} = [F1, F_2,, \ldots, F\,m]^t$, $\varepsilon_{(px1} = [\varepsilon_1, \varepsilon_2 \ldots \varepsilon_p]^t$

O coeficiente l_{ij} é designado por carga da variável i^{th} no fator j^{th}.

$i = 1, 2, \ldots, p, j = 1, 2, \ldots, m$

Os vectores aleatórios não observáveis **F** e ε satisfazem as seguintes condições.

1. F e ε são independentes.
2. $E(F)=0, cov(F)=I_{(mxm)}$
3. $E(\varepsilon)=0, cov(\varepsilon)= \Psi$, em que Ψ é uma matriz diagonal
4. $Cov(\varepsilon, F)=0$

Métodos de estimativa de carga

Dadas as observações X_1, X_2. X_p em p variáveis geralmente correlacionadas; a análise fatorial procura responder à pergunta. O modelo de factores com um pequeno número de factores representa adequadamente os dados? Se os elementos fora da diagonal da covariância amostral S forem pequenos ou os da matriz de correlação amostral R forem essencialmente zero, as variáveis não estão relacionadas. Isto implica que uma análise fatorial não será útil e, nestas circunstâncias, o fator específico desempenha um papel dominante. Se a matriz de covariância parecer desviar-se significativamente de uma matriz diagonal, então um modelo de factores pode ser considerado e o problema inicial é o de estimar a carga do fator Lij e a variância específica Ψi. Existem dois métodos mais populares de estimação de parâmetros, o método PC e o método da máxima verosimilhança.

O método das componentes principais

A matriz de variância-covariância (Σ) é simétrica e definida positiva, o que implica que todos os seus valores próprios são positivos. Assim, a decomposição espetral da matriz de covariância (Σ) com pares de valores próprios e vectores próprios (λ_i, e_i) com $\lambda_1 > \lambda_2 \ldots > \lambda_p > 0$ é dada por

$$\Sigma = \lambda_1 e_1 e_1^t + \lambda_2 e_2 e_2^t + \ldots \lambda p\, e_p e_p^t \ldots\ldots 3.4$$

A partir da equação acima, podemos obter a carga

$$L=\sqrt{\lambda_1}\varepsilon_1 + \sqrt{\lambda_2}\varepsilon_2 + \ldots \sqrt{\lambda_p}\varepsilon_p \quad \text{......} 3.5$$

A contribuição para os desvios totais da amostra

Ao aplicar a componente principal para efetuar a análise fatorial, utilizamos a matriz de covariância da amostra S. Observe que $S_{11}+ S_{22}+.+S_{pp}=tr(S)$é o traço da matriz de covariância da amostra ' e $\hat{\lambda}_1 + \hat{\lambda}_2 + ... + \hat{\lambda}_p = p=$ o traço da matriz de correlação da amostra, em que, $\hat{\lambda}_i$'s, i=1,...,p são os valores próprios estimados de S.

$$\begin{bmatrix} \text{The proportion of total sample} \\ \text{variance due to } j^{th} \textit{ factor} \end{bmatrix} = \frac{\hat{\lambda}_j}{tr(s)}$$, for factor analysis of sample covariance

$$\begin{bmatrix} \text{The proportion of total sample} \\ \text{variance due to } j^{th} \textit{ factor} \end{bmatrix} = \frac{\hat{\lambda}_j}{p}$$, for factor analysis of correlation

Método de rotação de factores

A rotação de factores é uma transformação ortogonal das cargas dos factores, bem como a transformação ortogonal implícita dos factores. Se$\hat{L}$ é a matriz p × m das cargas factoriais estimadas obtidas por qualquer método, então $\hat{L}^* = \hat{L}T$, onde $TT^t=T^tT= I$, é uma matriz p × m das cargas "rodadas", a matriz de covariância (correlações) estimada permanece inalterada, uma vez que

$$\hat{L}\hat{L}^T + \hat{\Psi} = \hat{L}TT^T\hat{L}^T + \hat{\Psi} = \hat{L}^*\hat{L}^{*T} + \hat{\Psi} \quad \text{......} 3.6$$

Uma vez que as cargas originais (cargas iniciais) podem não ter uma interpretação fácil, é prática comum rodá-las até se obter uma estrutura simples. A rotação deve ser tal que cada variável tenha uma carga elevada num único fator e uma carga pequena a moderada no fator restante. Neste estudo, o método de rotação ortogonal varimax é aplicado para garantir que os atributos estejam correlacionados ao máximo com apenas um fator e para facilitar a interpretação dos resultados

3.5.1 Análise estatística multivariada

Métodos estatísticos multivariados, a proliferação contínua de procedimentos estatísticos multivariados pode sem dúvida ser atribuída à crença de que os modelos da natureza e do comportamento humano devem frequentemente ter em conta variáveis múltiplas e inter-relacionadas que são conceptualizadas simultaneamente ou ao longo do tempo (Aweke, 2010). Vários estudos na literatura utilizaram a análise estatística multivariada para analisar a qualidade de vida dos indivíduos

(Elsa, 2009).

3.5.1.1 Análise de componentes principais

Os objectivos gerais da análise de componentes principais (ACP) são a redução de um grande número de variáveis cujas inter-relações são complexas a um conjunto muito mais pequeno de novas variáveis cujas inter-relações são simples, mas que contêm a maior parte da variação das variáveis originais e a facilidade de interpretação. A ACP é feita utilizando a matriz de covariância teórica Σ, ou a matriz de correlação teórica ρ de X, em que X é um vetor aleatório com p dimensões. Normalmente, a matriz de covariância (Σ) é utilizada para analisar variáveis com a mesma unidade de medida. Como a correlação é a covariância da variável padronizada, podemos utilizar a matriz de correlação (ρ) para analisar as variáveis com unidade de medida diferente.

Como a unidade de medida das variáveis neste estudo é diferente, a ACP baseia-se na matriz de correlação ρ de X. Algebricamente, os PCs são combinações lineares particulares das p variáveis aleatórias $Z_1, Z_2,..., Z_p$. Geometricamente, estas combinações lineares representam a seleção de um novo sistema de coordenadas obtido por rotação do sistema original com $Z_1, Z_2,..., Z_p$ como eixos de coordenadas. A matriz de covariância associada ao vetor aleatório $Z = (Z_1, Z_2,..., Z_p)^t$ tem os pares valor próprio-vetor próprio $(\lambda_1, \varepsilon_1), (\lambda_2, \varepsilon_2), \ldots, (\lambda_p, \varepsilon_p)$ em que $\lambda_1 \geq \lambda_{(2)} \geq ... \geq \lambda_p$, então a i^a componente principal é dada por

$$Y_i = e^t Z = e_{i1} z_1 + e_{i2} ... + e_{ip} z_p, \; i=1, 2,..., p \qquad 3.2$$

Com estas escolhas

$$Var(Y_i) = e^t \Sigma e_i = \lambda_i, \; i=1, 2... P$$

$$Cov(Y_i, Y_K) = e^t_i \Sigma e_k = 0, \; i \neq k$$

Como regra geral, recomenda-se manter apenas os componentes cuja variância λ é superior à unidade ou, de forma equivalente, apenas os componentes que, individualmente, explicam pelo menos uma proporção 1/p da variância total. Trata-se de um gráfico de λi versus i, com os valores próprios ordenados do maior para o menor (a magnitude dos valores próprios versus o seu número). Em seguida, para determinar o número adequado de componentes, procuramos os cotovelos (curvas) no gráfico scree. O número de componentes é considerado como o ponto em que os restantes valores próprios são relativamente pequenos e todos têm aproximadamente a mesma dimensão.

3.5.1.2 Análise fatorial

A análise fatorial é uma técnica estatística normalmente utilizada para extrair um subconjunto de atributos não correlacionados que explicam a variação observada no conjunto de dados original. Ou seja, o objetivo essencial da análise fatorial é descrever, se possível, as relações de covariância entre muitas variáveis em termos de algumas quantidades aleatórias subjacentes, mas não observáveis, denominadas factores.

O modelo de factores ortogonais

O modelo de factores postula que X depende linearmente de algumas variáveis aleatórias não observáveis F1, F_2, . . ., Fm, designadas por factores comuns, e de p fontes adicionais de variação $\varepsilon_1, \varepsilon_2 \ldots \varepsilon_p$, designadas por erros ou factores específicos.

O modelo de factores é dado por:

$$X_{(px1)} = \mu_{(px1)} + L_{(pxm)} F_{(mx1)} + \varepsilon_{(px1)} \qquad 3.3$$

Where $L_{(pxm)} = \begin{pmatrix} l11 & \cdots & l1m \\ \vdots & \ddots & \vdots \\ lp1 & \cdots & lpm \end{pmatrix}$ $F_{(mx1)} = [F1, F_2,, \ldots, F\,m]^t$, $\varepsilon_{(px1} = [\varepsilon_1, \varepsilon_2 \ldots \varepsilon_p]^t$

O coeficiente l_{ij} é designado por carga da variável i^{th} no fator j^{th}.

$$i = 1, 2, \ldots, p, j = 1, 2, \ldots, m$$

Os vectores aleatórios não observáveis **F** e ε satisfazem as seguintes condições.

1. F e ε são independentes.
2. E(F)=0,cov(F)=I(mxm)
3. E(ε)=0,cov(ε)= Ψ, em que Ψ é uma matriz diagonal
4. Cov(ε, F)=0

Métodos de estimativa de carga

Dadas as observações X_1, X_2... X_p em p variáveis geralmente correlacionadas; a análise fatorial procura responder à questão. Se a matriz de covariância parecer desviar-se significativamente de uma matriz diagonal, então um modelo de factores pode ser considerado e o problema inicial é o de estimar a carga do fator L_{ij} e a variância específica $\Psi_{(i)}$.

Existem dois métodos mais populares de estimação de parâmetros, o método PC e o método da máxima verosimilhança. A solução de qualquer um dos métodos pode ser rodada para simplificar a interpretação dos factores. No entanto, para este estudo, consideramos o método das componentes principais.

O método das componentes principais

A matriz de variância-covariância (Σ) é simétrica e definida positiva, o que implica que todos os seus valores próprios são positivos. Assim, a decomposição espetral da matriz de covariância (Σ) com pares de valores próprios e vectores próprios (λ_i, e_i) com $\lambda_1 > \lambda_2 ... > \lambda p > 0$ é dada por

$$\Sigma = \lambda_1 e_1 e_1^t + \lambda_2 e_2 e_2^t + ... \lambda p \, e_p e_p^t \qquad 3.4$$

A partir da equação acima, podemos obter a carga

$$L = \sqrt{\lambda_1}\varepsilon_1 + \sqrt{\lambda_2}\varepsilon_2 + ... \sqrt{\lambda_p}\varepsilon_p \qquad 3.5$$

A contribuição para os desvios totais da amostra

Ao aplicar a componente principal para efetuar a análise fatorial, utilizamos a matriz de covariância da amostra S. Observe que $S_{11}+ S_{22}+.+S_{pp}=tr(S)$é o traço da matriz de covariância da amostra ' e $\hat{\lambda}_1 + \hat{\lambda}_2 + ... + \hat{\lambda}_p = p =$ o traço da matriz de correlação da amostra, em que, $\hat{\lambda}_i$'s, $i=1,\ldots,p$ são os valores próprios estimados de S.

$$\begin{bmatrix} \text{The proportion of total sample} \\ \text{variance due to } j^{th} \textit{ factor} \end{bmatrix} = \frac{\hat{\lambda}_j}{tr(s)}$$, for factor analysis of sample covariance

$$\begin{bmatrix} \text{The proportion of total sample} \\ \text{variance due to } j^{th} \textit{ factor} \end{bmatrix} = \frac{\hat{\lambda}_j}{p}$$, for factor analysis of correlation

Método de rotação de factores

A rotação de factores é uma transformação ortogonal das cargas dos factores, bem como a transformação ortogonal implícita dos factores. Se *L* é a matriz p × m das cargas factoriais estimadas obtidas por qualquer método, então $\hat{L}^* = \hat{L}T$, onde $TT^t = T^tT = I$, é uma matriz p × m de cargas "rodadas", a matriz de covariância estimada (correlações) permanece inalterada, uma vez que

$$\hat{L}\hat{L}^T + \hat{\Psi} = \hat{L}TT^T\hat{L}^T + \hat{\Psi} = \hat{L}^*\hat{L}^{*T} + \hat{\Psi} \qquad 3.6$$

Uma vez que as cargas originais (cargas iniciais) podem não ter uma interpretação fácil, é prática comum rodá-las até se obter uma estrutura simples. A rotação deve ser tal que cada variável tenha uma carga elevada num único fator e uma carga pequena a moderada no fator restante. Neste estudo, o método de rotação ortogonal varimax é aplicado para garantir que os atributos estejam correlacionados ao máximo com apenas um fator e para facilitar a interpretação dos resultados

4. RESULTADOS E DISCUSSÕES

4.1 Estatísticas descritivas

Caraterísticas dos indivíduos e dos agregados familiares

Para atingir o objetivo principal deste estudo, foi recolhida uma amostra de 809 inquiridos de cinco zonas do estado regional nacional de Amhara (ANRS). Utiliza-se uma escala de likert de quatro pontos, de 1 a 4, para medir a resposta do indivíduo à sua qualidade de vida (QOL), à satisfação no domínio e às suas atribuições; uma escala de 1 representa muito insatisfeito, 2 representa insatisfeito, 3 representa satisfeito e 4 representa muito satisfeito para a qualidade de vida subjectiva e a satisfação no domínio.

A Tabela 4.1 mostra que há mais inquiridos do sexo masculino (63,7%) do que do sexo feminino (36,3%). Este facto é comparado com o resultado do estudo de Elsa (Elsa, 2009), no qual 56,7% eram do sexo masculino e 43,3% do sexo feminino. E isto pode ainda ser comparado com o relatório do plano da Etiópia para um desenvolvimento acelerado e sustentado para acabar com a pobreza (MoFED, 2006). O relatório afirma que, na Etiópia urbana, há mais agregados familiares chefiados por homens (61%) do que por mulheres (39%). A idade dos inquiridos varia entre os 18 e os 75 anos, com uma média de 33,99 e um desvio padrão de 11,23. Em termos de estado civil, a maioria dos chefes de família (52,9%) é casada. As caraterísticas educativas dos chefes de família mostram que a maioria (93,3%) é licenciada, enquanto apenas 6,7% são iletrados. Observou-se que cerca de 34,1 % dos chefes de família tinham concluído o ensino secundário.

Quadro 4.1: Amostra de caraterísticas individuais dos chefes de família (região de Amhara, 2014/2015)

Descrição	Categoria	Frequência	percentagem
Sexo	Masculino	515	63.7%
	Feminino	294	36.3%
Estado civil	nunca casou (Solteiro)	322	39.8%
	Casado	428	52.9%
	Viúva	30	3.7%
	Divorciado	29	3.6%
Situação profissional	não empregados	195	24.1%
	Empregado numa instituição governamental	317	39.2%
	Empregado numa instituição não governamental	112	13.8%
	Proprietário de empresa privada	185	22.9%

Nível de escolaridade	Sem formação académica	54	6.7 %
	Escola secundária	276	34.1%
	Certificado/diploma	241	29.8%
	Grau	196	24.1%
	Mestres e superiores	43	5.3%

Quadro 4.2: Caraterísticas do agregado familiar Amostra de chefes de agregado familiar (região de Amhara, 2014/2015)

Descrição	**Categorias**	**Frequência**	**Percentagem**
Dimensão do agregado familiar	1-2 pessoas	222	27.5%
	3-5 pessoas	399	49.3%
	6-9 pessoas	158	19.5%
	10 e mais pessoas	30	3.7%
Número de pessoas a cargo	nenhuma pessoa a cargo	286	35.4%
	1 pessoa a cargo	132	16.3%
	2 pessoas dependentes	154	19.0%
	3-5 pessoas dependentes	206	25.5%
	6 e mais pessoas dependentes	31	3.8%
Rendimento familiar	menos de 500	157	19.4%
	500-1500	250	30.9%
	1501-2500	171	21.1%
	2501-3500	94	11.6%
	3501-4500	49	6.1%
	4501 e mais	88	10.9%
Posse de habitação	Privado	306	37.8%
	Agência de habitação	72	8.9%
	Kebele	122	15.1%
	Aluguer a particulares	309	38.2%

O quadro 4.2 apresenta as caraterísticas do agregado familiar, ou seja, a dimensão do agregado familiar, o número de crianças dependentes e o rendimento familiar. Em termos de dimensão do agregado familiar, do total dos inquiridos, apenas 27,5% vivem em agregados familiares com menos de 3 pessoas por casa. Quase metade dos inquiridos, ou seja, 49,3%, vive em agregados familiares com 3 a 5 pessoas. Em termos de filhos a cargo, 35,4% dos inquiridos não têm filhos a cargo. Quase metade (48,3%) dos inquiridos tem 2 ou mais filhos a cargo. Em termos de rendimento mensal, 19,4% das famílias dos inquiridos ganham menos de 500 birr etíopes, enquanto 10,9% recebem um rendimento mensal superior a 4501 e os proprietários de casas particulares e as rendas de particulares são quase iguais, 37,8% e 38,2%, respetivamente.

Resumo da QV intuitiva e racional

A qualidade de vida subjectiva é medida através de uma resposta intuitiva ou de uma resposta racional. A qualidade de vida subjectiva intuitiva nas cinco cidades da região é medida perguntando aos inquiridos o que sentem sobre a sua vida como um todo durante o período do inquérito aos agregados familiares, ou seja, 2011 e dois anos antes do período do inquérito aos agregados familiares. Mas a qualidade de vida subjectiva racional é a satisfação integrada dos indivíduos com os domínios da vida e é calculada depois de os indivíduos terem sido questionados sobre a sua satisfação com domínios específicos da vida. O quadro seguinte mostra a percentagem de inquiridos na região de Amhara que são classificados em cada nível de qualidade de vida com base na sua resposta subjectiva. Quando os inquiridos foram questionados sobre a sua vida, cerca de 27,8% expressaram a sua insatisfação, enquanto apenas 40,2% dos inquiridos estavam satisfeitos com a sua vida.

Tabela 4.3: Percentagem da pontuação da QV Intuitiva em 2013/2014 (região de Amhara, 2013/2014)

Nível de qualidade de vida	**Qualidade de vida**				
	frequência	percentagem(%)	Comulativo	Globalmente	Região de Amhara
Muito insatisfeito	204	25.2	25.2	Média (likert)	2.29
Insatisfeito	225	27.8	53.0	Modo	3
Satisfeito	325	40.2	93.2	Desvio padrão	0.919
Muito satisfeito	55	6.8	100.0		

Tabela 4.4: Percentagem de Qualidade de Vida Racional (global) na região de Amhara, 2013/2014

Níveis	Frequência	Percentagem	Percentagem acumulada
Insatisfeito	429	53.0	53.0
Satisfeito	380	47.0	100.0
Total	809	100.0	

A qualidade de vida racional é categórica, com dois níveis. A Tabela 4.4 indica a percentagem de inquiridos na região de Amhara que estão categorizados nos dois níveis e a quem foi perguntado o que sentiam em relação à sua vida em geral. Mais de metade dos inquiridos (53%) afirmaram estar insatisfeitos com a sua vida, enquanto apenas 47% dos inquiridos estavam satisfeitos com a sua vida no seu todo. Este resultado não está de acordo com as conclusões de Elsa (2009) e Ibrahim e Chung (2003), que referem uma percentagem mais elevada de inquiridos satisfeitos em termos de resposta racional do que de resposta intuitiva para as povoações selecionadas na subcidade de Krikos, em Adis Abeba, e em Singapura, respetivamente. Isto deve-se ao facto de os inquiridos se sentirem insatisfeitos ou pior com o custo de vida e o aumento do preço dos artigos nos últimos anos. E resposta irracional e resposta não intuitiva para as cidades das zonas selecionadas.

Neste estudo, a QV intuitiva é medida e comparada com dois anos, ou seja, 2013 e 2014. Isto ajuda a avaliar o progresso da QV ao longo dos anos. Existe uma diferença na QV entre os dois anos na cidade Zonal da região de Amhara. A percentagem de inquiridos que se sentem insatisfeitos com a sua QV em 2013 é superior à de 2014. Uma das principais razões pode ser a crise económica dos últimos anos, que se espera que influencie o sentimento dos inquiridos. Este resultado também é semelhante às conclusões de Elsa (2009) e Natinail (2011) em Hawassa.

Resumo da satisfação com os domínios da vida

A qualidade de vida é frequentemente determinada pela satisfação com vários domínios da vida. A ideia de que a qualidade de vida pode ser conceptualizada como um composto de medidas de domínios mais específicos tem sido defendida por muitos investigadores (Christopher, 1996). Assim, os domínios de vida identificados para este estudo são a habitação, o ambiente construído, a segurança do bairro, o saneamento do bairro, a qualidade dos serviços públicos, o acesso aos serviços públicos, a ligação social, o rendimento familiar e o custo de vida. A percentagem de inquiridos em cada nível de satisfação do domínio, a média e o desvio padrão da satisfação de cada domínio são apresentados na Tabela 4.5.

Uma pequena percentagem de inquiridos não se sentiu satisfeita ou sentiu-se pior no domínio da habitação e do ambiente construído, enquanto menos de metade dos inquiridos não se sentiu satisfeita ou sentiu-se pior no domínio da segurança do bairro, da ligação social e do acesso a serviços públicos. Mais de metade dos inquiridos sentiram-se insatisfeitos ou pior em três dos nove domínios. Estes domínios são: saneamento do bairro, qualidade dos serviços públicos e rendimento familiar. Apenas 5,8% dos inquiridos estão satisfeitos com o custo de vida. Como mostra a tabela, a média de satisfação varia. O domínio mais bem avaliado em termos de pontuação média é a ligação social, a segurança do bairro e a habitação e o domínio menos bem avaliado em termos de pontuação média é o custo de vida. A habitação, o ambiente construído, o acesso aos serviços públicos e a ligação social têm o mesmo nível modal (satisfeito). Da mesma forma, o saneamento do bairro, a segurança do bairro, a qualidade dos serviços públicos e o rendimento familiar têm também a mesma categoria modal (insatisfeito), enquanto a categoria modal para a satisfação com o custo de vida é muito insatisfeito.

Tabela 4.5: Estatísticas descritivas para o domínio Satisfação na região de Amhara, 2013/2014)

Nível de satisfação	**Ddomínio da vida (%)**								
	HH	SER	NSN	NSF	APS	QPS	SC	FI	CL
Muito insatisfeito	19.4	16.2	23	12.4	22.4	20.4	10.3	21.9	53.3
Insatisfeito	19.4	24.7	41.7	18.7	42.4	33.4	20.0	34.9	38.5

Satisfeito	43.8	47.7	29.5	53.5	28.7	38.2	53.9	36.1	5.8
Muito satisfeito	17.4	11.4	5.8	15.5	6.6	8.0	15.8	7.2	2.6
Média	2.59	2.54	2.18	2.72	2.19	2.34	2.75	2.29	1.58
Modo	3	3	2	3	2	3	3	3	1
Desvio padrão	0.990	0.895	0.852	0.871	0.858	0.891	0.842	0.887	0.719

HH=habitação, BE=ambiente construído, NSN=saneamento do bairro, NSF=segurança do bairro, APS=acesso a serviços públicos, QPS=qualidade dos serviços públicos, SC=ligação social, FI=rendimento familiar, CL=custo de vida

A Tabela 4.6 mostra a satisfação do domínio ao nível da subzona. Como mostra a tabela, a média da pontuação de satisfação varia de 0,49 a 1,93. O domínio com menor pontuação é o custo de vida na cidade de Debre Birhan, enquanto o mais elevado é o rendimento familiar na cidade de Gondar. Em comparação com os inquiridos de outras cidades, Woldia expressa a maior satisfação com o ambiente construído e, também em comparação com os inquiridos de outras cidades, Debre Markos expressa a maior satisfação com a qualidade dos serviços públicos. Dos nove domínios, os inquiridos da cidade de Gondar são os que manifestam menos satisfação: segurança na vizinhança. Em todas as cidades, os inquiridos expressam insatisfação ou pior sentimento em relação ao custo de vida.

Tabela 4.6: Pontuação média de satisfação dos domínios na região de Amhara, 2013/2014

Domínios da vida (pontuação média de satisfação)

Cidade da zona	HH	SER	NSN	NSF	APS	QPS	SC	FI	CL
Debre Birhan	1.34	1. 38	1. 65	1. 36	1.76	1.23	1.80	1.34	0.45
Debre Markos	1.45	1.66	1.56	1. 27	1. 28	1.44	1. 58	1.21	0.49
Gondar	1.70	1. 47	1.54	1. 13	1.39	1.25	1.64	1.93	0.67
Woldia	1.65	1.91	1.22	1. 29	1.54	1.15	1.54	1.32	0.51
Dessie	1.25	1.84	1.34	1.23	1.80	1.23	1.82	1.38	0.59

HH=habitação, BE=ambiente construído, NSN=saneamento do bairro, NSF=segurança do bairro, APS=acesso a serviços públicos, QPS=qualidade dos serviços públicos, SC=ligação social, FI=rendimento familiar, CL=custo de vida

Resumos do nível de satisfação dos atributos

O nível de satisfação dos inquiridos com cada atributo, em termos de percentagem, é apresentado no quadro seguinte. Os inquiridos propuseram uma escala de likert de quatro pontos, variando de 1, que representa "muito insatisfeito", a 4, que representa "muito satisfeito", para medir o seu nível de satisfação em relação a cada atributo. Apenas 2,7% (mínimo na categoria de insatisfação) dos inquiridos se sentem pior (muito insatisfeitos), enquanto 52% (máximo na categoria de satisfação) dos inquiridos estão satisfeitos com as "condições meteorológicas da **região de Amhara**". Observa-se uma elevada insatisfação com a variável "rendimento familiar".

Tabela 4.7: Percentagem do nível de satisfação dos inquiridos relativamente a cada atributo na região

Atributos	Nível de satisfação (%)			
	Muito insatisfeito	insatisfeito	satisfeito	muito satisfeito
Habitação				
Propriedade de habitação	11.2	28.6	38	22.2
Número de quartos	19.5	36.5	31.6	12.4
Condições de habitação	9.6	22.6	46.5	21.3
Ambiente construído				
Condições climatéricas da zona	2.7	4.3	52	41
Atratividade do local de residência	10.4	19.7	43.5	26.4
Poluição sonora	10.7	28.1	48.5	12.7
Adequação do local para criar os filhos	9.4	42.2	33.5	14.9
Segurança				
Segurança contra a criminalidade	11.6	35.7	33.9	18.8
Adequação da iluminação pública	12.5	48.5	32.1	6.9
Ligação social				
Relação familiar	17.9	24.9	43.6	13.9
Relação com os vizinhos	8.7	18.3	41.2	31.8
Rendimento familiar				
Rendimento familiar	47.8	25.1	21	6.1
Rendimento relativo	36.4	24.8	31	7.8
Qualidade do serviço público				
Beleza das ruas e dos edifícios no bairro	14.8	32.1	38	15.1
Recolha de lixo	16.1	30.4	45.2	8.3
Qualidade da escola primária	19	29.6	43.6	7.8
Qualidade do ensino secundário	26.4	26.5	30	17.1
Fiabilidade do serviço de abastecimento de água	21.3	30.5	35.4	12.8
Qualidade do serviço de saúde	39.7	24.9	23.4	12
Custo do vestuário	45.8	22.8	21.6	9.8
Custos de transporte	47.4	19.3	22	11.3
Custo dos alimentos	46.5	30	19.1	4.4

4.2 Resultados da regressão logística ordinal

Neste estudo é utilizada a regressão logística ordinal para analisar a relação entre a satisfação dos domínios e os respectivos atributos, que são medidos através de uma escala de likert de quatro pontos. Para o estudo foram selecionados 9 domínios e desenvolvidos 9 modelos para avaliar a relação entre a satisfação dos domínios e os respectivos atributos.

As principais decisões envolvidas na construção dos modelos de regressão ordinal consistiram em decidir quais as variáveis explicativas a incluir na equação do modelo e em escolher as funções de ligação que melhor se ajustariam ao conjunto de dados. Para construir os modelos de regressão ordinal, foram escolhidas duas funções de ligação habitualmente utilizadas, nomeadamente a ligação logit e a ligação log clog e, em seguida, a função de ligação logit pode ser adequada. Se a distribuição de frequências do resultado categórico ordenado mostrar que uma grande percentagem dos inquiridos se encontra em categorias mais elevadas, como as classificações de muito satisfeito e satisfeito, então a função de ligação logarítmica clog pode ser adequada. De facto, não existe uma escolha clara da função de ligação. Se uma função de ligação fornecer um bom ajuste aos dados, então a outra função de ligação pode ser uma alternativa viável. Neste estudo, o pressuposto do modelo de linhas paralelas entre as categorias de resposta correspondentes nas funções de ligação foi cuidadosamente examinado para determinar a adequação do modelo. Uma vez que as funções de ligação foram utilizadas para formar os modelos de regressão ordinal sob um forte pressuposto de linhas paralelas, qualquer desvio deste pressuposto pode resultar numa análise e conclusão incorrectas (McCullagh, 1980). O SPSS versão 16 foi utilizado para efetuar a regressão logística ordinal.

Avaliar a qualidade do ajuste para uma resposta dicotomizada

Quadro 4.8: Resultados do teste de Hosmer e Lemeshow para 27 modelos Região de Amhara, 2013/2014

Dimensão	Variável dependente	Qui-quadrado	Sig.
Habitação	Habitação (insatisfeito)	5.210	.854
	habitação (satisfeito)	2.402	. 564
	Habitação (muito satisfeito)	3. 612	0.695
Construído	Ambiente construído (insatisfeito)	23. 241	0.018
ambiente	Ambiente construído (satisfeito)	32. 452	0.000
	Ambiente construído (satisfeito)	12. 711	0.029
Social	Ligação social (insatisfeito)	4. 010	0.676
conexão	Ligação social (satisfeito)	6. 183	0.899
	Ligação social (muito satisfeito)	8. 918	0.237
Bairro	Segurança do bairro (insatisfeito)	4.827	0.436

segurança	Segurança da vizinhança (satisfeito)	4.687	0.584
	Segurança do bairro (muito satisfeito)	3. 769	0.937
Acesso a serviço público	Acesso ao serviço público (insatisfeito)	9.859	0.031
	Acesso ao serviço público (satisfeito)	45.547	0.027
	Acesso ao serviço público muito satisfeito)	17.873	0.007
Qualidade de serviço público	Qualidade do serviço público (insatisfeito)	2.612	0.275
	Qualidade do serviço público (satisfeito)	11.589	0.010
	Qualidade do serviço público (muito satisfeito)	9.536	0.022
Bairro saneamento	Saneamento do bairro (insatisfeito)	11.660	0.596
	Saneamento do bairro (satisfeito)	3.506	0.928
	Saneamento do bairro (muito satisfeito)	2.119	0.219
Custo de vida	Custo de vida (insatisfeito)	3. 606	0.092
	Custo de vida (satisfeito)	7. 309	0.473
	Custo de vida (muito satisfeito)	8.047	0.753
Rendimento familiar	Rendimento familiar (insatisfeito)	12.648	0.214
	Rendimento familiar (satisfeito)	14.654	0.167
	Rendimento familiar (muito satisfeito)	2. 316	0.825

Antes de o modelo de regressão logística ordinal ser examinado, é obrigatório executar a regressão logística binária para a resposta dicotomizada e avaliar a qualidade do ajuste. Uma vez que cada variável de resposta ordenada tem 4 níveis, temos três variáveis dicotomizadas para cada variável de resposta e um total de 27 variáveis dicotomizadas (Anexo 1 para codificação). Os resultados do teste de Hosmer e Lemeshow são apresentados na Tabela 4.8 para diferentes combinações. A tabela mostra que um valor p inferior a 0,05 para três variáveis é significativo nas categorias. Assim, o teste de Hosmer e Lemeshow permite-nos aplicar a regressão logística ordinal para seis variáveis de resposta ordinal, exceto o ambiente construído, o acesso ao serviço público e a qualidade do serviço público.

Informações de ajuste do modelo

Na sequência do resultado do teste de adequação, a regressão logística ordinal para o ambiente construído, o acesso ao serviço público e a qualidade do serviço público não é considerada e a informação sobre a adequação do modelo é apresentada para os seis modelos no Quadro 4.9. O modelo para o custo de vida é significativo (qui-quadrado 327. 437, df= 4, p< .05) a 5 % de significância sempre que os três factores de previsão são considerados em conjunto. Todos os outros são expressos da mesma forma a um nível de significância de 5 %.

Quadro 4.9: Informações sobre o ajuste do modelo Região de Amhara, 2013/2014

Dependente	**Modelo**	**-2 Registo**	**Chi-**	**Df**	**Sig.**

variável		Probabilidade	Quadrado		
	Apenas interceção	628.288			
Habitação	Final	424.105	395.280	3	.000
Social	Apenas interceção	810.403	434.286	2	.000
conexão	Final	148.120			
Bairro	Apenas interceção	505.474			
saneamento					
	Final	238. 313	267.341	3	.000
Família	Apenas interceção	448. 378			
rendimento					
	Final	248. 411	215.624	2	.000
Bairro	Apenas interceção	629. 869			
segurança	Final	497. 746	183. 321	3	.000
Custo de vida	Apenas interceção	680.860			
	Final	327. 437	383.490	4	.000

Pseudo R quadrado

A Tabela 4.10 apresenta os valores das três medidas de pseudo R quadrado; Cox e Snell, Nagelkerke e McFadden para cada um dos oito modelos de probabilidades proporcionais. Os resultados apoiam a conclusão de que o modelo se ajusta bem aos dados para cada modelo.

Tabela 4.10: Valores de Pseudo R quadrados para cada um dos 6 modelos Região de Amhara, 2013/2014

Variável dependente	Medidas quadradas	Valor
	Cox e Snell	0.584
	Nagelkerke	0.724
Habitação	McFadden	0.358
	Cox e Snell	0.595
	Nagelkerke	0.607
Ligação social	McFadden	0.332
	Cox e Snell	0.379
	Nagelkerke	0.413
Saneamento dos bairros	McFadden	0.169
	Cox e Snell	0.289
	Nagelkerke	0.363
Rendimento familiar	McFadden	0.164
	Cox e Snell	0.375

	Nagelkerke	0.439
Segurança dos bairros	McFadden	0.184
	Cox e Snell	0.521
	Nagelkerke	0.726
Custo de vida	McFadden	0.397

Função de ligação: Logit.

A Tabela 4.11 mostra que o nível de propriedade da habitação, as condições da habitação e o número de divisões são factores de previsão estatisticamente significativos da satisfação com a habitação. Assim, no que respeita ao nível de propriedade da habitação, pode dizer-se que, para um aumento de uma unidade no nível de satisfação com a propriedade da habitação (ou seja, passando de 0 para 1), haverá um aumento de 0,289 nas probabilidades logarítmicas ordenadas de se estar num nível mais elevado de satisfação com a habitação, tendo em conta que todas as outras variáveis do modelo se mantêm constantes. Para as condições da habitação, diríamos que, para um aumento de uma unidade na satisfação com as condições da habitação (ou seja, de 0 para 1), seria de esperar um aumento de 0,341 na probabilidade de estar num nível mais elevado de satisfação com a habitação, mantendo-se constantes todas as outras variáveis do modelo. Relativamente ao número de divisões, um aumento de uma unidade na satisfação com o número de divisões produzirá um aumento de 2,187 na probabilidade de estar num nível mais elevado de satisfação com a habitação. Todos os factores de previsão são estatisticamente significativos na previsão da satisfação com a ligação social. Ambos os factores de previsão: relação familiar e relação com os vizinhos são factores de previsão significativos da satisfação com a vida social. Espera-se que uma pessoa que esteja satisfeita com a sua relação familiar esteja mais satisfeita com a sua vida social. Mas a satisfação com a relação com os vizinhos tem menos impacto na satisfação com a ligação social. A beleza das ruas e dos edifícios do bairro, as condições climatéricas da cidade e a eficiência da recolha do lixo são factores de previsão significativos do saneamento do bairro. A beleza das ruas e dos edifícios do bairro tem um forte impacto na satisfação com o saneamento do bairro. Outros são expressos de forma semelhante.

A tabela de estimativa de parâmetros também mostra que a satisfação com o rendimento absoluto está positiva e significativamente relacionada com o rendimento (β=.896 e $P<.05$). A satisfação com o rendimento relativo está também positiva e significativamente relacionada com o rendimento (β=1,332 e $P<.05$). O rendimento relativo é considerado o fator de previsão do rendimento mais importante do que o rendimento mensal absoluto.

A criminalidade na vizinhança é a única covariável (fator de previsão) que é estatisticamente significativa para a satisfação com a segurança na vizinhança. O sinal positivo do coeficiente indica que, à medida que a criminalidade no bairro diminui, a satisfação das famílias com a segurança no bairro aumenta. Uma vez que o valor de P associado às variáveis "adequação da iluminação pública" e "proteção policial no bairro é pequena" é superior a 0,05, as duas variáveis não são preditores significativos da satisfação com a segurança no bairro.

O custo do vestuário e o custo dos géneros alimentícios são considerados estatisticamente significativos, uma vez que ambos têm valores de P associados inferiores a 0,05. Ambos os factores de previsão têm um coeficiente com sinal positivo, o que indica que, como as pessoas podem comprar roupa, alimentos e artigos afins sem qualquer dificuldade, consideram que o custo de vida não é elevado. O coeficiente associado ao custo dos transportes e ao custo dos serviços públicos é pequeno e o seu valor P é superior a 0,05. Assim, as duas variáveis não são factores de previsão significativos da satisfação com o custo de vida.

Quadro 4.11: Estimativas dos parâmetros Região de Amhara, 2013/2014

			Estimativa	Wald	Sig.	Intervalo de confiança de 95%	
Dependente variáveis						Inferior vinculado	Superior vinculado
	Limiar	[slh = .00]	1. 507	28.152	.001	0.644	1.970
		[slh = 1.00]	4. 372	230.185	.016	3. 129	5. 425
		[slh = 2.00]	5.830	312.980	.020	6. 906	7. 150
Habitação	Localização	Slho	0.289	5. 749	.000	0.057	0.542
		Hc	0. 341	6.917	.002	0.195	0.740
		Sltnr	2. 187	118. 203	.010	1. 255	4.180
Social ligado ness	Limiar	[slsc = 0.00]	1.061	22.622	.003	.624	1.498
		[slsc = 1.00]	4.269	222.769	.000	3.708	4.829
		[slsc = 2.00]	7.534	379.228	.010	6.776	8.293
		Frship	2.487	226.317	.000	2.163	2.811
	Localização	Rwn	0.379	9.795	.000	0.141	0.616
	Limiar	[sltns = .00]	3.621	21. 294	.001	2. 433	4.122
		[sltns = 1.00]	5.652	73. 918	.000	6. 477	9.711
Vizinhança bom saneamento		[sltns = 2.00]	2.967	112.421	.000	3.623	5. 370
		Bsbn	4.126	169. 616	.000	2. 845	6. 761
	Localização	Wch	1. 863	19.135	.002	1.815	3. 126
		Gc	0.963	5.455	.024	1.071	2.520
Custo de viver	Limiar	[scl = .00]	2.337	121. 474	.000	1.035	3. 268
		[scl = 1.00]	1. 384	99. 188	.000	1. 768	3. 806
		[scl = 2.00]	5. 107	211. 138	.000	4.721	8. 233

		Cc	3. 752	173. 026	.001	4.035	5.211
	Localização	Tc	-0.037	0.112	.536	-0.942	0.4260
		Fc	0.630	14.149	.000	0.263	1. 460
		Psc	0.307	9. 525	.212	-0.157	0.9810
Vizinhança	Limiar	[slns = .00]	1.121	6. 321	.001	0.645	2. 124
boa segurança		[slns = 1.00]	3.127	178. 238	.000	2. 921	5.423
		[slns = 2.00]	1.927	36.815	.000	1.342	2.480
		asl	1. 854	182. 793	.000	1. 431	2.427
	Localização	ctn	-0.014	0.017	.753	-0.152	0.197
		ppn	-0.143	1. 295	. 126	-0.364	0.278
Família	Limiar	[slf = .00]	0.275	13.115	.001	0.140	1. 213
rendimento		[slf = 1.00]	2.600	73. 055	.000	2.104	3. 503
		[slf = 2.00]	6. 753	287.012	.000	5. 973	7. 597
		rrenda	1.042	43.322	.000	0.940	1.544
	Localização	ficção	0.765	31.513	.000	0.824	1. 274

Função de ligação: Logit.

Pressupostos

Um pressuposto da regressão logística ordinal é que a relação entre cada par de grupos de resultados é a mesma. Isto é normalmente referido como o teste das rectas paralelas porque a hipótese nula afirma que os coeficientes de declive no modelo são os mesmos entre as categorias de resposta (e as rectas com o mesmo declive são paralelas). Se não rejeitarmos a hipótese nula, concluímos que a suposição é válida. A Tabela 4.12 mostra o teste de linhas paralelas para os seis modelos. Embora o valor P para cada modelo seja diferente, todos os valores são superiores ao nível de significância de 5%. Por conseguinte, não há provas suficientes para rejeitar a hipótese nula para todos os modelos.

Quadro 4.12: Resultado do teste das linhas paralelas Pressuposto Região de Amhara, 2013/2014

Modelo	**Hipótese**	**-2 Registo Probabilidade**	**Chi Quadrado**	**df**	**Sig.(p-value)**
Habitação	Hipótese nula	324.120			
	Geral	316.239	5.232	6	.643
Social	Hipótese nula	112.320	3.645	4	. 452
conexão	Geral	105.543			
Bairro	Hipótese nula	232. 313			
saneamento	Geral	222.414	4. 926	6	.253
Família	Hipótese nula	314.221			

rendimento	Geral	301.539	5.013	4	. 420
Bairro	Hipótese nula	456.267			
segurança	Geral	442.128	8.195	6	. 516
Custo de vida	Hipótese nula	247.267			
	Geral	238.730	13.347	8	.256

A hipótese nula afirma que os parâmetros de localização (coeficientes de inclinação) são os mesmos em todas as categorias de resposta. Função de ligação: Logit

4.3 Análise fatorial para a redução dos atributos subjectivos

Foi efectuada uma análise multivariada, sob a forma de fator, de todos os atributos subjectivos de QV de cada domínio. Esta análise tinha três objectivos. Em primeiro lugar, ajuda a obter um número limitado de constructos geríveis e significativos com uma perda mínima de informação; em segundo lugar, identifica se a classificação dos atributos no respetivo domínio está correta ou se é necessária alguma alteração para trabalhos futuros. Também ajuda a identificar domínios adicionais de qualidade de vida da parte subjectiva e a avaliar se existe interação entre domínios.

Antes da realização da análise fatorial, a fiabilidade das variáveis (dados) foi verificada de acordo com as normas recomendadas (Cronbach $\alpha \geq 0,70$), principalmente para garantir que são indicadores fiáveis dos constructos (Nunnally's, 1967). Foi aplicada uma análise fatorial exploratória com recurso a componentes principais, utilizando 20 atributos subjectivos obtidos a partir do inquérito aos agregados familiares. Foram obtidos factores ortogonais utilizando a rotação varimax. Apenas foram considerados os factores com um valor de eigen superior a 0,9 e um coeficiente α de Cronbach elevado. Foi utilizada uma carga de fator de 0,45 para excluir variáveis que são componentes indicadores fracos de atributos subjectivos. O conjunto de dados foi verificado e cumpriu os critérios do teste de esfericidade de Bartlett. Uma vez que o valor de P (.000) é inferior ao teste de significância (α=0.05) e a medida de adequação da amostragem de Kaiser-Meyer-Olkin (KMO) é 0.912, que é superior a 0.5 (superior a 0.05), indicando que existem provavelmente relações significativas entre os atributos da QdV subjectiva e, por conseguinte, os dados são adequados para a análise fatorial (Tabela 4.13). Elsa (2009) recomendou que uma carga maior ou igual a 0,7 indica uma excelente força de relação entre o fator e as variáveis e uma carga menor ou igual a 0,32 indica uma relação fraca.

Na solução fatorial da rotação varimax para os 20 atributos originais, 71,54% da variância total foi explicada pelos primeiros 6 factores com valores próprios superiores a 0,9. Após a rotação, o primeiro fator representou 32. 82% da variância, o segundo fator representou 19,52%, o terceiro fator representou 11,05%, o quarto fator representou 9,32%, e o quinto e o sexto factores representaram 7,12% e 6,71%, respetivamente.

Tabela 4.13: Teste KMO e de Bartlett para a redução dos atributos subjectivos

Medida de adequação da amostragem de Kaiser-Meyer-Olkin.		0.912
Teste de Bartlett de	Aprox. Qui-quadrado	3892.72
Esfericidade	Graus de liberdade	205
	Sig.	.000

Tanto o diagrama de dispersão como os valores de Eigen apoiam a conclusão de que estes 20 atributos podem ser reduzidos a seis componentes. O gráfico scree torna-se mais plano após o sexto componente (ver Figura 4.1)

Tabela 4.14: Matriz de carga dos factores para a redução dos atributos subjectivos

Atributos subjectivos	Factores					
	1	2	3	4	5	6
a beleza das ruas e dos edifícios no bairro	0.957					
atratividade do local de habitação	0.875					
recolha de lixo	0.858					
condições climatéricas da cidade	-0.789					
o bairro está congestionado	0.554					
custo do vestuário		0.829				
custo dos alimentos		0.741				
rendimento familiar		0.662				
rendimento relativo		0.502				
			0.912			
fiabilidade do serviço de abastecimento de água			0.842			
qualidade das instalações de saúde			0.812			
qualidade da escola primária						
nível de satisfação com a propriedade da habitação				0.811		
nível de satisfação em relação ao número dea casa				0.757		
quartos de						
estado da habitação				0.576		
adequação do local para criar os filhos					0.862	
criminalidade no bairro					0.811	
poluição sonora					0.672	
relação com os vizinhos						0.819
relação familiar						0.802
valor próprio	5.85	2.93	1.85	1.72	1.44	0.965
percentagem da variância explicada	32.82	19.52	11.05	7.32	7.12	6.71
variação total explicada			71.54			

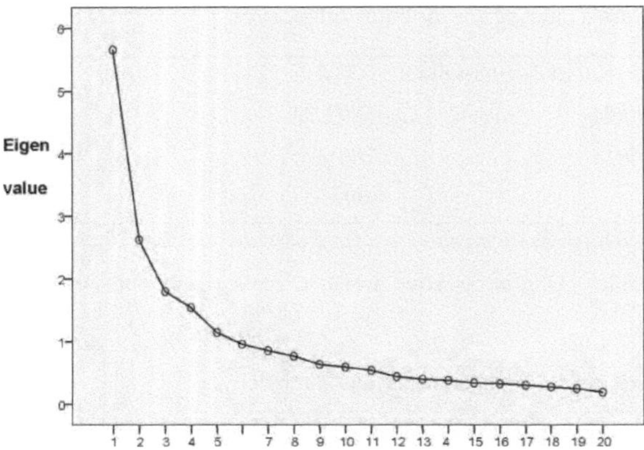

Fig. 4.1 Scree Plots para a redução dos atributos subjectivos

Uma comparação entre as variáveis (atributos) dos seis factores e os atributos dos domínios de vida para a parte subjectiva do inquérito aos agregados familiares e o significado físico para o primeiro até às seis dimensões dos factores de carga da QV subjectiva são: saneamento do bairro, económica, qualidade dos serviços públicos, habitação, ambiental e relação social, respetivamente.

4.4 Regressão logística binária da relação global entre QOL e SDS

A regressão logística binária é aplicada para avaliar a relação entre a qualidade de vida global, que é uma variável de resposta dicotomizada (insatisfeito/satisfeito), e as pontuações dos domínios, que são obtidas a partir da análise fatorial dos atributos subjectivos. O SPSS versão 16 é utilizado para efetuar a regressão logística binária, tomando o nível de insatisfação como categoria de referência. Antes de aplicar os modelos finais de regressão logística múltipla com seis covariáveis para o objetivo pretendido, é necessário avaliar e diagnosticar todas as possíveis inadequações do modelo.

Avaliação do ajuste do modelo

Depois de o modelo logístico ser formado utilizando as variáveis preditoras selecionadas, o primeiro passo é avaliar o ajuste geral do modelo aos dados. A Tabela 4.15 mostra a não significância do valor do qui-quadrado, não há evidência para aceitar a hipótese alternativa de que não há diferença entre as frequências observadas e esperadas, o que indica que o modelo se ajusta adequadamente aos dados.

Table 4.15: Teste de Hosmer e Lemeshow para a relação entre a qualidade de vida global e a pontuação dos domínios subjectivos

Etapa	Qui-quadrado	Df	Sig.
1	11.810	8	. 826

Outra forma de avaliar a bondade do modelo ajustado é ver até que ponto o modelo classifica os dados observados. A Tabela 4.16 revela que, em geral, 82,16% dos participantes foram previstos corretamente. As variáveis independentes/covariáveis ajudaram-nos melhor a prever quem não estaria satisfeito (76,19% de acertos) do que quem estaria satisfeito (71,1% de acertos).

Table 4.16: Tabela de classificação da relação entre a qualidade de vida global e a pontuação dos domínios subjectivos

Observado		Previsto		
		Qualidade de vida global		Percentagem de acerto
		Insatisfeito	Satisfeito	
Pontuação da qualidade de vida	Insatisfeito	336	93	76.19
	Satisfeito	69	311	71.1
Percentagem global				82.16

Tabela 4.17 Resumo do modelo para a relação entre a qualidade de vida global e a pontuação dos domínios subjectivos

Etapa	-2 Probabilidade logarítmica	Cox & Snell R Quadrado	Quadrado R de Nagelkerke
1	483.36(a)	.428	.554

O quadro 4.17 mostra que 55,4 % da variação da satisfação ou não dos inquiridos com a sua vida no seu todo pode ser prevista a partir de uma combinação linear das seis variáveis independentes. Os coeficientes da regressão logística múltipla podem ser estimados utilizando o método de estimativa de máxima verosimilhança implementado no pacote SPSS. Os resultados são apresentados no Quadro 4.18

Tabela 4.18: Variáveis na equação para a relação entre a qualidade de vida global e a pontuação dos domínios subjectivos

	β	S.E.	Wald	Df	Sig.	*Exp(β)*	95,0% C.I.para *Exp(β)*	
							inferior	Superior
Constante	0.010	0.131	.008	1	.928	1.010		
Qplsds	0.979	0.151	52. 908	1	.000	2.754	2.097	3.502
Dados	1.250	0.183	79. 544	1	.000	3.373	2.547	4.372
Nsds	0.652	0.110	22. 243	1	.000	1.986	1.478	2.361
Hds	0.722	0.142	35. 263	1	.000	2. 805	1.612	2.962
Envds	0.765	0.172	30. 153	1	.000	2. 605	1.604	2.896
Scds	0. 876	0.102	47. 576	1	.000	2. 916	1.734	2.989

Variáveis na tabela de equações, todas as pontuações dos factores são significativas a um nível de significância de 5%. Note-se *que Exp(β)* fornece os rácios de probabilidades para cada variável. A razão de probabilidades e o intervalo de confiança para o domínio económico é de 3,373 (IC 95% = 2,547-4,372), para a qualidade do serviço público foi de 2,754 (IC 95% = 2,097-3,502), saneamento do bairro 1.986(95% CI=1,478-2,361), para a habitação foi de 2,805(95% CI=1,612- 2,962), para o domínio ambiental foi de 2,605(95% CI=1,604-2,896) e para a ligação social foi de 2,916 (CI =1,734-

2,989). Isto indica que um aumento de um ponto na pontuação do domínio da qualidade dos serviços públicos, na pontuação do domínio económico, na pontuação do domínio do saneamento do bairro, na pontuação do domínio da habitação, na pontuação do domínio do ambiente e na pontuação do domínio da ligação social está associado a um aumento das probabilidades de satisfação com a vida como um todo por um fator multiplicativo de 2,75, 3,37, 1,98, 2,81, 2,61 e 2,92, respetivamente.

O resultado mostra que a satisfação com o número de divisões é o fator de previsão mais importante da satisfação com a habitação na região. Luis (2007) e Natinail (2011), em Hawassa, referiram que um maior número de divisões numa unidade proporciona satisfação habitacional. Muitos estudos revelaram que existe uma relação direta entre a satisfação residencial e as estruturas físicas do ambiente residencial com o rendimento (Aragones, 2002). O saneamento da vizinhança está entre os mais importantes factores de previsão da satisfação com uma vida adequada na região. Do mesmo modo, Richards et al. (2007) referiram que a criminalidade e o saneamento são um dos mais importantes factores de previsão da qualidade de vida na África do Sul.

4.5 Análise fatorial para a redução dos atributos objectivos

Um dos objectivos deste estudo é identificar as dimensões da qualidade de vida objetiva em zonas selecionadas do Estado da região nacional de Amhara. Há vários atributos objectivos que podem afetar a qualidade de vida.

O conjunto de dados foi verificado e cumpriu os critérios do teste de esfericidade de Bartlett, uma vez que o valor de P (.000) é inferior ao teste de significância (α=.05) e a medida de adequação da amostragem de Kaiser-Meyer-Olkin (KMO) é 0.870, o que é superior a 0.7, indicando que existem provavelmente relações significativas entre os atributos da QdV objetiva (OQOL), o que, por sua vez, implica que o conjunto de dados é adequado para a análise fatorial (Tabela 4.19). Neste estudo, foram extraídos seis factores com um valor de eigen superior a 0,9. Tanto o gráfico de dispersão como os valores próprios apoiam a conclusão de que estes 15 atributos podem ser reduzidos a seis componentes. O gráfico scree aplana-se após o sexto componente (Figura 4.2). O resultado da análise fatorial é apresentado no Quadro 4.20. Os atributos com cargas factoriais superiores a 0,5 são considerados na identificação das dimensões.

Quadro 4.19: Teste KMO e Bartlett para a redução dos atributos objectivos

Medida de adequação da amostragem de Kaiser-Meyer-Olkin	0.870
Teste de Bartlett Aprox. Qui-quadrado	2818.157
de Esfericidade Graus de liberdade	105
Sig.	.000

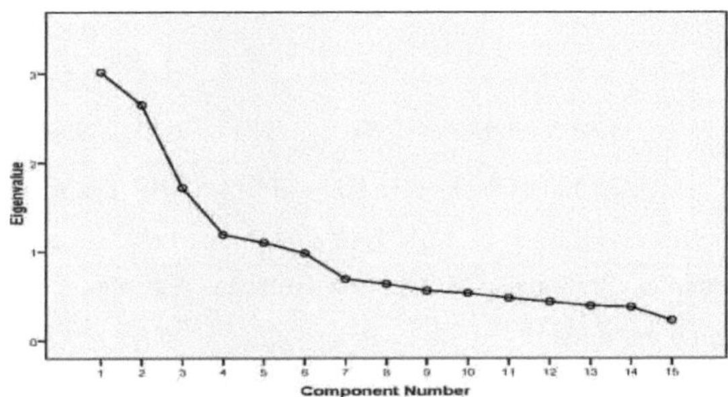

Fig 4.2: Scree Plots para a redução de atributos objectivos Os factores apresentados no Quadro 4.20 podem ser considerados como dimensões da qualidade de vida objetiva no estado regional nacional de Amhara. Os cinco factores explicam 77,62% da variação total do conjunto de dados. O primeiro fator explica 22,12%, o segundo explica 18,86%, o terceiro explica 19,93%, o quarto fator explica 11,65% e o quinto e o sexto factores explicam 8,49% e 6,82%, respetivamente, da variação total do conjunto de dados.

Uma comparação entre as variáveis (atributos) dos seis factores e os atributos dos domínios da vida para a parte objetiva do inquérito aos agregados familiares e o significado físico para o primeiro até às seis dimensões dos factores de carga da QdV objetiva são: socioeconómica, acesso aos serviços públicos, acesso à educação, habitação, religiosa (espiritualidade) e tempo de residência, respetivamente.

Tabela 4.20: Matriz de carga dos factores para a redução dos atributos objectivos

			Factores			
Atributos do objetivo	1	2	3	4	5	6
dimensão do agregado familiar	0. 937					
número de pessoas a cargo	0. 872					
nível educacional	-0.825					
rendimento familiar	-0.792					
distância da casa à esquadra da polícia		0.811				
distância da casa ao estabelecimento de saúde		0.789				
distância da casa à principal zona comercial		0.751				
distância da casa à escola secundária			0.891			
distância da casa à escola primária			0.868			
posse do agregado familiar				-0.917		
número de quartos				0.893		
distância da casa ao local espiritual					0.843	

frequência da frequência da igreja (mesquita)					-0.836	
anos na região de Amhara						0.876
Idade						0.731
Valor próprio	3.62	3.43	2.87	2.31	1.45	.996
Percentagem da variância explicada	22.12	18.93	15.93	11.65	8.49	6.82
Percentagem da variância total explicada			77.62			

Método de extração: Análise de Componentes Principais, Método de Rotação: Varimax com Normalização Kaiser, Rotação convergiu em 6 iterações.

4.6 Regressão logística binária da relação global entre QOL e ODS

A regressão logística binária é também aplicada para avaliar a relação entre a qualidade de vida global, que é uma variável de resposta dicotomizada (**insatisfeito/satisfeito**), e as pontuações dos domínios, que são obtidas a partir da análise fatorial dos atributos objectivos. O SPSS versão 16 é utilizado para efetuar a regressão logística binária, tomando o nível de insatisfação como categoria de referência. Antes de aplicar os modelos finais de regressão logística múltipla com 5 covariáveis para o objetivo pretendido, é necessário avaliar e diagnosticar todas as possíveis inadequações do modelo

Avaliação do ajuste do modelo

A Tabela 4.21 mostra a não significância do valor do qui-quadrado. Por conseguinte, não há provas para rejeitar a hipótese nula de que não há diferença entre as frequências observadas e as esperadas, o que indica que o modelo se ajusta adequadamente aos dados.

Tabela 4.21: Teste de Hosmer e Lemeshow para a relação entre a QV global e as pontuações dos domínios objectivos (ODS)

	Qui-quadrado	Df	
Passo 1	8.620	8	Sig. .637

Tabela 4.22: Variáveis não incluídas na equação para a relação entre a QV global e os ODS

		Pontuação	df	Sig.
Variáveis	Económicas	135. 410	1	.000
Acedu		8. 830	1	.000
Habitação		27. 929	1	.001
Religião		17. 491	1	.000
Acplds		4. 160	1	.462
Comprimento		11. 418	1	.002
Estatísticas gerais		183.174	6	.000

A tabela acima mostra que cinco dos seis factores (estatuto socioeconómico, acesso à educação, habitação, religião e tempo de residência) são individualmente indicadores significativos da satisfação ou insatisfação dos inquiridos com a sua qualidade de vida. Mas verifica-se que o acesso aos serviços públicos não é um fator de previsão significativo da qualidade de vida. Este facto contradiz o resultado de Sedigheh (2011), que refere que a prestação de serviços públicos tem grande influência na qualidade de vida urbana. A não significância do acesso aos serviços públicos neste estudo pode estar relacionada com a falsidade do inquirido em saber a distância exacta da sua casa aos diferentes serviços públicos. Quanto maior a pontuação nestas dimensões, menor é a qualidade de vida.

Tabela 4.23: Coeficientes dos Testes Omnibus para a Relação entre a QV Global e os ODS

	Qui-quadrado	Df	Sig.
Etapa	215.182	6	.000
Bloco	215.182	6	.000
Modelo	215.182	6	.000

A tabela "Omnibus Tests of Model Coefficients" indica que, quando consideramos os seis factores de previsão em conjunto, o modelo ou equação é significativo ao nível de 5% de significância (qui-quadrado 215,182. df = 6, p < 0,05)

Tabela 4.24: Resumo do modelo para a relação entre QOL e ODS

Etapa	-2 Probabilidade logarítmica	Cox & Snell R Quadrado	Quadrado R de Nagelkerke
1	592.530	.375	.596

A tabela de resumo do modelo mostra que 59,6 % da variância do facto de os inquiridos estarem ou não satisfeitos com a sua vida no seu todo pode ser prevista a partir de uma combinação linear das cinco variáveis independentes.

Tabela 4.25: Tabela de classificação para a relação entre a QV global e os ODS

Observado	Previsto		
	Qualidade de vida global		Percentagem de acerto
	Insatisfeito	Satisfeito	
Pontuação da qualidade de vida Insatisfeito	309	120	84.9
Satisfeito	83	297	80.5
Percentagem global			82.7

Note-se na tabela de classificação que, no geral, 82,7% dos participantes foram corretamente previstos. As variáveis independentes/covariáveis ajudaram-nos melhor a prever quem não estaria satisfeito (80,5% de acertos) do que quem estaria satisfeito (82,7% de acertos).

A partir dos resultados da tabela de classificação, do teste de Hosmer e Lemeshow e da tabela de resumo do modelo, podemos concluir que o modelo ajustado com 11 covariáveis é satisfatório. Os coeficientes da regressão logística múltipla podem ser estimados utilizando o método de estimação de máxima verosimilhança implementado no pacote SPSS. Os resultados são apresentados no Quadro 4.26

Tabela 4.26: Variáveis na equação para a relação entre a QV global e os ODS

	β	S.E.	Wald	Df	Sig.	*Exp(β)*	95,0% C.I.para *Exp(β)*	
							inferior	superior
Constante	-0.126	0.120	0.656	1	.555	0.950		
Etapa socioeconómica	-1.106	0.102	95.722	1	.000	0.344	0.2840.379	
Acplds	-0.127	0.160	2.680	1	.160	0.824	0.6381.073	
Acedu	-0.279	0.130	8.383	1	.002	0.734	0.6700.990	
Habitação	-0.572	0.160	29. 625	1	.000	1. 936	1.5452. 860	
Religião	0.398	0.170	16. 563	1	.001	0.777	0.5660.942	
Comprimento	0.412	0.180	18.116	1	.000	1. 245	1.0241.989	

A Tabela 4.26 mostra que cinco pontuações de factores em seis são significativas a um nível de significância de 5%. Note-se que *Exp(β)* dá os rácios de probabilidades para cada variável. O rácio de probabilidades e o intervalo de confiança para o estatuto socioeconómico foi de 0,344 (IC 95% = 0,284-0,379), para o acesso à educação foi de 0,734 (IC 95% = 0,670-0,990), para a habitação foi de 1,936 (IC 95% = 1,545-2,860), para o acesso a locais religiosos foi de 0,777 (IC 95% = 0,566-0,942) e o tempo de residência foi de 1,245 (IC = 1,024-1,989). Os valores indicam, por exemplo, que um aumento de um ponto na pontuação do domínio distância do local de culto e na pontuação do domínio duração da residência está associado a um fator multiplicativo de 0,777 e 1,225, respetivamente, na probabilidade de satisfação com a vida no seu todo. Por outro lado, uma variação de uma unidade na variável independente (pontuação no domínio do estatuto socioeconómico, pontuação no domínio da distância dos centros de ensino e pontuação no domínio da habitação) aumenta as probabilidades de satisfação com a vida no seu todo em 0,344, 0,734 e 1,936, respetivamente. Ou seja, a insatisfação com a qualidade de vida em geral está associada ao facto de se viajar muito para chegar a centros de ensino e a locais religiosos. O facto de ter uma família numerosa e um número elevado de pessoas dependentes também está associado a uma baixa qualidade de vida.

O resultado mostra que todos os seis domínios são factores de previsão significativos da qualidade de vida na região. E todos os seis domínios têm um impacto positivo na qualidade de vida. Por exemplo, quanto mais elevada for a pontuação no domínio económico, melhor será a qualidade de vida das pessoas na região. Fairuz (2009) referiu que os inquiridos que estão satisfeitos ou "muito satisfeitos" estão geralmente satisfeitos com a qualidade da prestação de serviços em função do domínio económico, enquanto os que estão "insatisfeitos" ou "muito insatisfeitos" são muito negativos em relação à qualidade dos serviços que recebem na África do Sul.

As quinze variáveis são reduzidas a seis factores independentes que constituem 77% da variação total do conjunto de dados original. Os factores são designados por pontuação no domínio socioeconómico, pontuação no domínio do acesso à educação, pontuação no domínio da habitação, pontuação no domínio da espiritualidade, pontuação no domínio do acesso aos serviços públicos e pontuação no domínio da imobilidade. Elsa (2009) identificou cinco dimensões utilizando 13 atributos para a subcidade de Krikos, em Addis Abeba. Estas dimensões são a aglomeração, a socioeconómica, a segurança e a proximidade, a habitação e a demográfica. A maioria das dimensões está relacionada com as dimensões obtidas neste estudo. Das (2008) também identificou sete dimensões da qualidade de vida objetiva para a cidade de Guwahati, utilizando 27 atributos.

5. CONCLUSÕES E RECOMENDAÇÕES

5.1 Conclusões

Este trabalho procurou analisar a influência dos atributos subjectivos e dos atributos objectivos na qualidade de vida das zonas da região de Amhara. Foi utilizada a regressão logística ordinal para explicar os diferentes aspectos da qualidade de vida, como a satisfação com a habitação, a satisfação com a qualidade dos serviços públicos, a satisfação com o saneamento do bairro e a satisfação com a segurança, bem como uma avaliação global da qualidade de vida. O resultado do estudo permite concluir que a satisfação com o número de quartos, a atratividade do local de habitação e a criminalidade no bairro têm um impacto mais forte na satisfação no domínio da habitação, na satisfação no domínio do ambiente construído e na satisfação no domínio da segurança no bairro, respetivamente. Os atributos que têm maior impacto na qualidade dos serviços públicos e no saneamento do bairro são a satisfação com a fiabilidade do serviço de água e a beleza das ruas e dos edifícios do bairro, respetivamente. Por outro lado, a satisfação com o rendimento relativo, o custo do vestuário e a relação familiar são os atributos que mais explicam os níveis de satisfação com o rendimento familiar, o custo de vida e a ligação social, respetivamente.

O domínio da qualidade dos serviços públicos, o domínio económico, o domínio da segurança do bairro, o domínio da habitação, o domínio do ambiente e o domínio da ligação social são identificados como dimensões da qualidade de vida subjectiva das pessoas das zonas selecionadas da região. Todas as pontuações dos domínios são consideradas factores de previsão significativos da qualidade de vida das pessoas. Quanto mais elevada for a pontuação nos domínios acima referidos, melhor é a qualidade de vida das pessoas.

O domínio socioeconómico, o domínio do acesso aos serviços públicos, o domínio do acesso à educação, o domínio da habitação, o domínio da religião (espiritualidade) e o domínio da duração da residência constituem as dimensões da qualidade de vida objetiva das pessoas das zonas selecionadas da região. Finalmente, considerámos diretamente todas as pontuações dos domínios objectivos para explicar a qualidade de vida e verificámos que o domínio socioeconómico, a distância aos centros de ensino, a habitação, a religião e a imobilidade são preditores significativos da qualidade de vida. Mas o acesso aos serviços públicos não é um indicador significativo da qualidade de vida das pessoas selecionadas nas zonas da região. A religião e o tempo de residência têm um impacto positivo na qualidade de vida, o que implica que quanto maior for a pontuação em religião e imobilidade, melhor será a qualidade de vida. As dimensões socioeconómica, acesso à educação e habitação têm um contributo negativo para a qualidade de vida. Quanto mais elevada for a pontuação nestas dimensões, mais baixa é a qualidade de vida.

5.2 Recomendação

Do estudo conclui-se que a satisfação com a habitação, o saneamento da vizinhança, o aspeto económico, a segurança da vizinhança, o acesso à educação, a qualidade dos serviços públicos nas zonas selecionadas da região e o aspeto socioeconómico são alguns dos factores que podem afetar a qualidade de vida dos indivíduos nas zonas selecionadas na região. Por conseguinte, os planeadores e administradores regionais devem estar conscientes do facto de que a satisfação das pessoas com a qualidade de vida pode ser melhorada, promovendo a propriedade de casas, melhorando a qualidade e a quantidade de serviços governamentais e não governamentais na região, facilitando as condições para que as pessoas possam residir sem problemas de saneamento, estabilizando o mercado para que as pessoas possam obter bens e serviços a um custo comparável, etc. Individualmente, a qualidade de vida na vida urbana também pode ser melhorada através da construção de relações harmoniosas com a família e os vizinhos, limitando o tamanho das famílias, tendo uma vida estável na região, etc. Além disso, a fim de aumentar o nível de qualidade de vida na região, a qualidade física do ambiente construído deve ser melhorada com o apoio das autoridades locais e governamentais. Além disso, a consciência de si próprio e do ambiente deve ser aumentada, a fim de orientar as pessoas para que tirem partido das actividades comunitárias e da ligação social que têm lugar na região.

De um modo geral, a abordagem da qualidade de vida urbana tem como objetivo criar uma cidade zonal saudável e fornecer serviços urbanos adequados para todos, no âmbito da sustentabilidade. Assim, numa cidade zonal saudável com uma elevada qualidade de vida, as condições físicas e socioeconómicas estão preparadas para permitir que os residentes urbanos desenvolvam as suas capacidades. Promover a qualidade de vida significa, portanto, investir em condições que garantam às pessoas a capacidade de alargar as suas oportunidades para escolherem os seus estilos de vida e satisfazerem as suas necessidades e preferências.

Por último, as conclusões e as abordagens deste estudo podem ser utilizadas na conceção de futuros estudos sobre a QV urbana na região. Assim, recomendamos a realização de estudos semelhantes com outros domínios da vida na mesma zona ou em zonas diferentes em geral, de modo a proporcionar uma visão completa e útil para a formulação de políticas adequadas.

6. REFERÊNCIA

Ali A.Al-subaihi, (2003). "Sample size determination influencing factors and calculation strategies for survey research" **24(4):**323-330.

Aklilu Kidanu e Dessalegne Rahmato. 2000. Ouvindo os Pobres. AA: FSS.

Uma avaliação da qualidade de vida em ambientes residenciais; o caso do bairro de Selimiye em Chipre. *Wikipedia, (*http://en.wikipedia.org/wiki/Quality_of_life), 4 de junho de 2007

Andrews, F. M., & Withey, S. B. (1976). "Indicadores sociais de bem-estar: American's perception of life quality". New York: Plenum Press.\

Aweke A. (2010). "Análise estatística da qualidade de vida relacionada com a saúde de doentes com VIH/em TARV no Hospital Rural da Universidade de Hawassa; um estudo comparativo com a população em geral", *tese de mestrado.*

Azahan A., (2009) "The Quality of Life in Malaysia's Intermediate City:" Urban Dwellers Perspective; European Journal of Social Sciences

Bradshaw,Y.W., e Fraser,E. (1989), "City size, economic development and quality of life in China: " New Empirical Evidence.

Carlos M., (2008). "Qualidade de vida nos bairros urbanos da Colômbia": Os Casos de Bogotá e Medellín.

Chung, Cambell A., Converse P., e Rodgers W.(2003), "The quality of American life"; perception, Evaluation and satisfaction. Fundação Russel Sage, Nova Iorque.

Cochran, W.G., 1977. "Sampling Techniques. Third edition". John Wiley and sons (ASIA) pte Ltd., Singapura.428 p.

Cummins, R. (2000). "Qualidade de vida objetiva e subjectiva:" Um modelo interativo. *Social Indicators Research,* **52**, 55-72

Diener, E. e Suh, E. (1997). "Measuring quality of life: economic, social, and subjective indicators", *Social Indicators Research*, **40**, pp. 189-216.

Elsa Sereke, (2009). "Qualidade de vida urbana e sua distribuição espacial em Addis Abeba; subcidade de Krikos". *Dissertação de mestrado.*

Genanew T. (2011) "Statistical Analysis of Saving Habits of Employees: A Case Study at Debre Birhan Town in North Shoa, Ethiopia" *MSc. Dissertação de Mestrado*

Gilhooly, M., Gilhooly, K. e Bowling, A. (2005), "Quality of life": Meaning and measurement

Habtamu Wondimu (2004), "Quality of Life, Poverty and Inequality in Ethiopia".

Hosmer e Lemshow, (1989). "Applied logistic regression". John Wiley and sons. Nova Iorque Land K., (2000)" Social indicators". www.cob.vt.edu/market/isqols/kenlandessay.htm

Luis D. & Isabel. Paula B., (2007)." Medição da Qualidade de Vida Subjectiva: Um Inquérito aos Residentes do Porto". *Investigação Aplicada em Qualidade de Vida* **2**:51-64.

Luis J., Róger M. &Juan R.(2008) "Qualidade de vida nos bairros urbanos da Costa Rica" Documentos de Trabalho da Rede de Investigação; R-563

McCullagh, P. (1980), "Regression Models for Ordinal Data," *Journal of the Royal Statistical Society, Series B (Methodological)*, **42,** 109-142

Natnael M. (2011) "Análise estatística da qualidade de vida urbana - O caso da cidade de Hawassa" *Tese de mestrado*

Rashida H. (2009,) "Measuring Human Wellbeing in Pakistan: Objective Versus Subjective Indicators", European Journal of Social Sciences.

Ricardo R. (2010), "Medir a qualidade de vida subjectiva em Macau"; aplicação do índice internacional de bem-estar.

Sedigheh L. e Karim S.(2009), "An assessment of Urban Quality of Life by Using Analytic Hierarchy Process Approach":A Comparative Study of Quality of Life in the North of Iran,ISSN 1549-3652

*Sedigheh Lotfi, Amin Faraji, Husain Hataminejad e Ahmad Pourahmad(2011), "A Study of Urban Quality of Life in a Developing Country" Journal of Social Sciences 7 **(2)**: 232*

Stanislav K., (1998). "The Methods of the Quality of Life Assessment" .tese de mestrado Tauhidur R, (2005). "Measuring the Quality of Life across Countries"; A Sensitivity

Analysis of Well-being Indices, *Documento de* Investigação n.º 2005/06.

Tutz S., (2003). "Ordinal regression modeling between proportional and non proportional odds" Universidade de Toronto, quality of life concepts. Unidade de Investigação da Qualidade de Vida, Centro de Promoção da Saúde *(http://www.gdrc.org/uem/qol-define.html).*

Apêndice 1: Codificação da resposta categórica

Variáveis de resposta	Categorias	Variáveis dicotomizadas		
		(1)	(2)	(3)
Satisfação com a habitação	Muito insatisfeito	0	0	0
	Insatisfeito	1	0	0
	Satisfeito	0	1	0
	Muito satisfeito	0	0	1
Satisfação com o ambiente construído	Muito insatisfeito	0	0	0
	Insatisfeito	1	0	0
	Satisfeito	0	1	0
	Muito satisfeito	0	0	1
Satisfação com a ligação social	Muito insatisfeito	0	0	0
	Insatisfeito	1	0	0
	Satisfeito	0	1	0
	Muito satisfeito	0	0	1
Satisfação com o acesso ao serviço público	Muito insatisfeito	0	0	0
	Insatisfeito	1	0	0
	Satisfeito	0	1	0
	Muito satisfeito	0	0	1
Satisfação com a qualidade do serviço público	Muito insatisfeito	0	0	0
	Insatisfeito	1	0	0
	Satisfeito	0	1	0
	Muito satisfeito	0	0	1
Satisfação com a segurança do bairro	Muito insatisfeito	0	0	0
	Insatisfeito	1	0	0
	Satisfeito	0	1	0
	Muito satisfeito	0	0	1
Satisfação com o saneamento do bairro	Muito insatisfeito	0	0	0
	Insatisfeito	1	0	0
	Satisfeito	0	1	0
	Muito satisfeito	0	0	1
Satisfação com o rendimento familiar	Muito insatisfeito	0	0	0
	Insatisfeito	1	0	0
	Satisfeito	0	1	0
	Muito satisfeito	0	0	1
Satisfação com o custo de vida	Muito insatisfeito	0	0	0
	Insatisfeito	1	0	0
	Satisfeito	0	1	0
	Muito satisfeito	0	0	1

Printed by Books on Demand GmbH, Norderstedt / Germany